An Introduction to Internal Auditing

內部稽核概論

王怡心　黎振宜　著

三民書局

內部稽核概論

目　次

第 1 章

公司治理、風險管理、法規遵循之介紹

第1章 公司治理、風險管理、法規遵循之介紹

學習目標：

1. **認識公司治理的重要性**
2. **分析風險管理對企業營運的影響**
3. **了解法規遵循是永續經營的要件**

公司治理、風險管理和法規遵循 (Governance, Risk management, and Compliance, **GRC**) 三者是互相關聯，整合重點在於合理確保組織可達成目標、降低不確定性和誠信執行任務。公司治理是由董事會成員與高階主管負責，建立公司整體目標、決定資源分配原則與監督公司達成既定目標。風險管理是公司預測可能達不成目標的風險，並且運用控管機制把風險降低到一定程度，有助於目標的達成。亦及，管理在不確定的情況下，可能阻礙組織實現其目標的風險。法規遵循就是合規，係指遵守法定界限（法律、規定）和自願界限（公司政策、程序等）。

如圖 1.1 所示，企業需要對 GRC 活動進行整體協調與控制，才能有效地達成目標。這三個項目的每一個項目都為其他兩個項目創造有價值的資訊，並且這三個項目都會影響企業內部的營運、目標、政策、程序、人員和科技等。如果 GRC 三項不能整合運作，企業仍然採用傳統的「孤島」方法解決問題，將會面臨科技變革快速、大數據應用、市場全球化和政府科技監管加強等挑戰，造成組織將難以成功地永續經營。

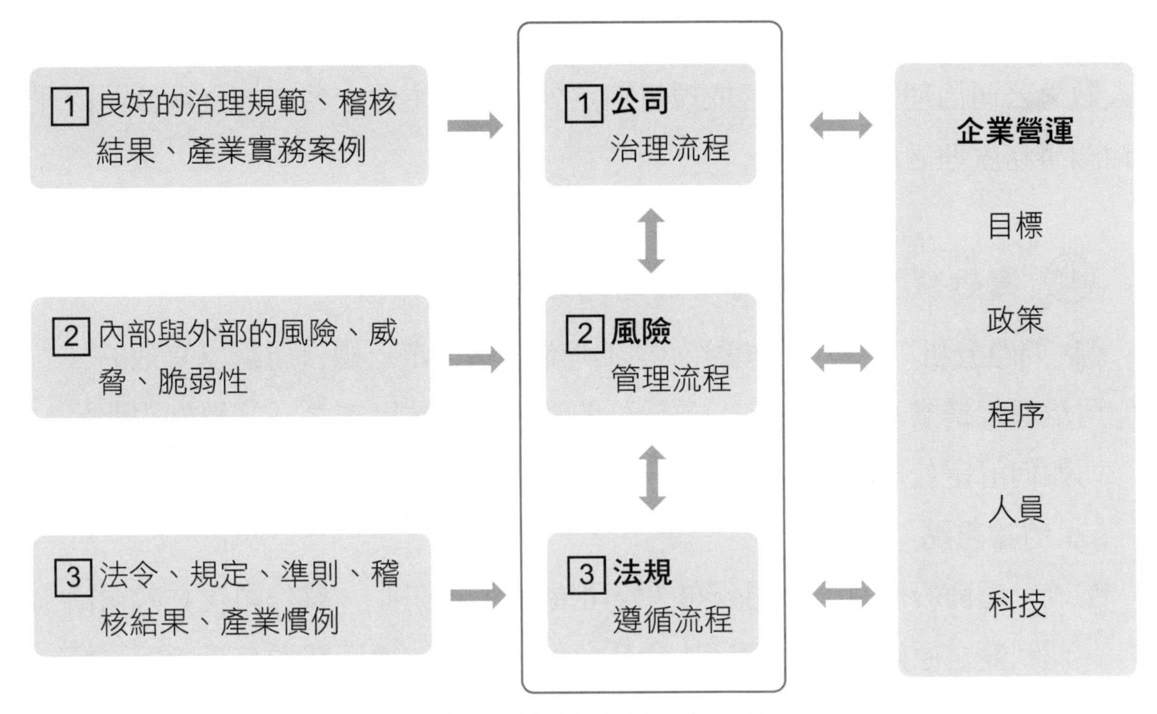

▲圖 1.1 治理、風管、法遵基本架構

資料來源：
Scott L. Mitchell (2007-10-01),"GRC360: A framework to help organizations drive principled performance", *International Journal of Disclosure and Governance*, 4 (4): 279–296.
Anthony Tarantino (2008-02-25), *Governance, Risk, and Compliance Handbook*, ISBN 978-0-470-09589-8.

1.1 公司治理

為促進證券市場健全發展，我國金管會要求上市上櫃公司應遵循「上市上櫃公司治理實務守則」，以建立良好之公司治理制度。因此，上市上櫃公司應依下列五項原則：(1)保障股東權益，(2)強化董事會職能，(3)發揮監察人功能，(4)尊重利害關係人權益，(5)提昇資訊透明度。

為促使公司達成營運目標，上市上櫃公司應依「公開發行公司建立內部控制制度處理準則」規定，考量公司本身及其子公司整體之營運活動，設計並執行其內部控制制度，且應隨時檢討與改善。為因應內外在環境之變遷，公司董事會成員與高階主管，共同負責確保公司的內控制度之設計及執行能持續有效運作。公司宜依據其規模、業務情況及管理需要，配置適任及適當人數之公司治理人員；並應依規定指定公司治理主管一名，為負責公司治理相關事務處理之最高主管。

實戰練習 1-1：訂定公司治理制度

問題分析：為建立良好之公司治理制度，上市上櫃公司應以有效的公司治理架構為基礎來訂定，並於公開資訊觀測站揭露之。請舉例說明公司如何訂定公司治理制度？

討論重點：

(1)統一超商股份有限公司公布「公司治理實務守則」，該公司建立公司治理制度之原則，除應遵守法令及章程之規定，暨與證券交易所所簽訂之契約及相關規範事項外，應依下列原則為之：㈠保障股東權益，㈡強化董事會職能，㈢發揮審計委員會功能，㈣尊重利害關係人權益，㈤提昇資訊透明度。

(2)除公司治理制度之原則，統一超商「公司治理實務守則」還強調建立內部控制制度，董事會監督管理階層來設計及執行有效的內部控制制度，以促使公司全體成員能達成既定目標；再者，載明統一超商公司由董事會秘書室公司治理主管負責公司治理相關事務，也明確規定公司治理主管的任用資格、職務定位、持續進修、辭職或離任等項目，以及配套措施。

1.1.1 保障股東權益

上市上櫃公司的資金主要來自於資本市場，公司應該建立良善的公司治理制度，以確保股東對公司重大事項之知情權被充分保障、股東對公司治理可提出建言、公司對所涉及的關係人交易應充分揭露，並依法令規定公告申報。因此，上市上櫃公司之公司治理制度，應能保障股東權益，並公平對待所有股東。

1.1.2 強化董事會職能

公司董事會應指導公司策略規劃，監督管理階層，以及對公司及股東負責。公司治理制度之各項作業與安排，董事會應確保公司成員皆依照法令、公司章程之規定或股東會決議行使職權。每家公司董事會的組成結構，應就其經營發展規模及主要股東持股情形，以及衡酌實務運作需要，來決定適當董事、監察人、獨立董事之席次。

通常上市上櫃公司要決定五人以上之適當董事席次，董事會成員組成應考量多元化，除兼任公司經理人之董事不宜逾董事席次三分之一外，並就本身運作、營運型態及發展需求，以擬訂適當之多元化方針。董事會成員應具備執行職務所必須之知識、技能及素養，以維持董事會整體專業能力。此外，上市上櫃公司應依規定設置兩人以上之獨立董事，且不得少於董事席次五分之一。

公司為健全監督功能及強化管理機能，得考量公司規模、業務性質、董事會人數，董事會下設置審計、薪資報酬、提名、風險管理或其他各類功能性委員會；並得基於企業社會責任與永續經營之理念，設置環保、企業社會責任或其他委員會，並明訂於公司章程。上市上櫃公司應「**擇一**」設置**審計委員會**或**監察人**。審計委員會應由全體獨立董事組成，其人數不得少於三人，其中一人為召集人，且至少一人應具備會計或財務專長。

1.1.3 發揮監察人功能

公司考量整體營運需要，並應依證券交易所或櫃檯買賣中心規定，訂定上市上櫃公司監察人最低席次。除經主管機關核准者外，公司的監察人間或監察人與董事間，應至少一席以上，不得具有配偶或二親等以內之親屬關係之一。公司參考公開發行公司獨立董事設置及應遵循事項辦法有關獨立性之規定，選任適當之監察人，以加強公司風險管理及財務、營運之控制；監察人宜在國內有住所，以即時發揮監察功能。監察人得隨時調查公司業務及財務狀況，公司相關部門應配合提供查核、抄錄或複製所需簿冊文件。此外，監察人查核公司財務、業務時，得代表公司委託律師或會計師審核相關資料文件，惟公司應告知相關人員負有保密義務。

1.1.4 尊重利害關係人權益

利害關係人 (Stakeholder) 的範圍包括很廣，除了股東 (Shareholder) 與董事會成員以外，還有管理階層、員工、往來銀行與金融機構、債權人、工會、公會、供應商、顧客、社區居民、公益團體、媒體等，一些與企業有關係的團體或個人。公司與利害關係人應保持暢通之溝通管道，並尊重、維護其應有之合法權益，並於公司網站設置利害關係人專區。

在保持正常經營發展以及實現股東利益最大化之同時，上市上櫃公司應關注消費者權益、社區環保及公益等問題，並且企業要持續地展現重視企業**社會責任** (Corporate Social Responsibility, **CSR**)。公司針對利害關係人權益受損事件，應該要公平妥善處理，取得社會大眾的諒解；相對地，公司如果不面對問題作回應，可能因小失大而遭到關門的危機。

實戰練習 1–2：尊重利害關係人權益

問題分析：公司要重視利害關係人權益，請問餐飲業者的利害關係人有哪些？所需考慮利害關係人的主要權益是什麼？

討論重點：

(1)餐飲業者的利害關係人除了股東、債權人、員工外，很重要的是政府主管機關、消費者、報章媒體等。

(2)餐飲業者要特別重視飲食衛生、消費者理賠與環境污染等問題，以免因小失大。例如利害關係人消費者因吃了餐廳食物而食物中毒，引起媒體與網路的大幅報導，對餐廳日後營業會造成重大影響力。

1.1.5 提昇資訊透明度

上市上櫃公司依法對股東應揭露的營運和財務資訊，應該秉持著正確的資訊揭露政策「**資訊公開、擴大參與**」，公司應確實依照證券相關法令、證券交易所或櫃檯買賣中心之規定，忠實履行其資訊揭露義務。上市上櫃公司宜提早於會計年度終了後兩個月內公告並申報年度財務報告，以及於規定期限前提早公告並申報第一、二、三季財務報告與各月份營運情形。

依證券交易所或櫃買中心之規定，上市上櫃公司之財務、業務資訊應定期輸入公開資訊觀測站，並透過公司網站或其他適當管道，提供外界人士查詢。此外，公司應揭露年度內公司治理相關資訊，並持續地更新訊息，主要內容包括公司治理之架構及規則、公司股權結構及股東權益、董事會之結構及其成員之專業性與獨立性、董事會及經理人之職責、審計委員會或監察人之組成與職責及獨立性等項目。

1.2 風險管理

風險 (Risk) 有負面風險與正面風險兩種，負面風險涉及**潛在損失** (Potential Loss) 與**不確定性** (Uncertainty)；正面風險找到未來機會 (Future Opportunity) 與可能利益 (Benefit)。公司在追求目標時，所做的每一個決策都有其風險；從董事會重要策略議題決策到日常營運決策，有關這些方案選擇的風險處理，都是決策制定的一部分。在這多元變化時代，我們所面臨的決策，很少是僅有正確與錯誤兩種答案的二元化類型。企業如何抓住風險本質，換個角度思考這個風險可能帶來一個機會。

1.2.1 風險的辨識與管理

在多變的經營環境風險多半是隱性，不容易清楚判別的。在景氣好的時候，企業忙著追求營收與利潤的成長，無暇注意風險；景氣不好的時候，企業更是需要思考如何賺錢，全力忙於處理日常營運事務，所以也不會去思考風險。另外，有些資深的管理者，通常比較自信，不認為自己會碰到風險。

因此，風險管理首要步驟，企業要清楚定義**風險**與**危機**。什麼叫風險？什麼叫危機？這兩項是不太一樣。**風險**係指影響企業無法達到營運目標的可能事件或因素，包含外部因素與內部因素，企業可擁有較充裕的回應時間來處理風險或管理風險。然而，**危機**則像是地震、水災等天然災害，或是新疫情快速擴散，大多是從外部突然來的挑戰，企業能應對的時間較短或是根本來不及作回應。**風險**發生的頻率高，對企業造成的損失相對較低，因為可以事先預期與控制。**危機**發生頻率相對較低，但對企業影響較大，且無法事前預估。所以危機管理的重點就不是在於預防，而是當危機突來的時候，怎麼去保護企業的人員與資產。

企業常見的風險，有些來自外部，也有些是內部引起。企業持續營運的重點，要對風險有相應對的管理機制和策略管理，重點是要有效制度化，良好的風險管理應要包含應對機制、保護措施及事件發生時的回應策略及行動方案， 這些都是包含在**企業風險管理** (Enterprise Risk Management, **ERM**) 的範疇中。常見的**外部風險動因**，包括外部法規變化、經濟環境波動、人口密度改變等。常見的**內部風險動因**，則包括策略執行不當、高階主管更換、人員薪酬不公、企業擴充失調等。

風險管理為企業整體需建立的意識，有意識之後還需有回應的機制。企業經營本質上就存在風險，好好去管理風險就是創造機會。企業常見的風險管理可歸納為五大面向：⑴**治理面**，⑵**策略面**，⑶**營運面**，⑷**法規面**，⑸**報告面**；可再分解的細項可能有五、六百個風險項目，企業可整理常見風險項目作參考。在一些先進國家的大型企業，企業風險管理架構，從完整的法規、報告到策略執行上，都有一套完整的機制來檢視各面向的風險項目。企業評估出對公司影響大之風險就要做回應，也就是要訂定回應的策略及行動計畫，接下來就是行動計畫的執行和檢討。其實，這就是一個規劃、執行、查核與行動的「**PDCA**」(Plan, Do, Check, and Action) 的循環，是品質管理的一個整體架構。

實戰練習 1–3：風險事件的影響

問題分析：由於風險事件發生是可能連動的， 事件會如雪球越滾越大。企業如果可以及早建立一個風險辨識評估的管理機制，並快速回應的動作，就可以將風險事件所可能帶來的損失降低。請舉例說明公司對風險事件的反應，以及受風險事件的影響分析。

討論重點：

(1)日本豐田汽車於 2009 年 8 月時，在美國加州有幾輛豪華型 Lexus 車，因煞車失靈造成一些死傷車禍事件；於當地報紙報導出來四個月後，2010 年 1 月時，媒體再揭露美國運輸部門發現 Lexus 車油門踏板有瑕疵；隔了一個月，豐田社長豐田章男親自去美國參加聽證會。因此，美國法院對豐田開出一千六百萬美元的罰單。

(2)豐田因為汽車安全問題，已召修了一千多萬輛車。這整起事件發生的非常迅速，也對豐田公司造成很大的損失。事後，豐田迅速成立一個全球品質管理委員會，以確保該品牌生產的車輛品質。

(3)此事件發生後，社會大眾對豐田的品質形象打了一個很大的折扣。但是，豐田重新檢視這事，後來企業營運恢復過來了。豐田汽車在風險辨識與回應上的反應確實是較慢，管理階層起初誤以為只是個別的品質事件，一開始也僅做地區性的處理，但沒想到地區性的事情變成整個豐田汽車公司全球商譽的風險。

1.2.2 風險管理組成要素

從實務應用觀點來看，風險管理架構主要係依據「**管理策略面**」、「**風險組織面**」、「**風險流程面**」及「**風險管理資訊面**」等，風險管理四大組成要素為基礎，如圖 1.2 所示。每一個組成要素有基本原則，分別說明如下：

(1)**管理策略面：**

公司風險管理之主要目標，使內部各單位對風險管理取得一致之共識。透過有效風險管理機制之建立，協助新產品開發來確保公司永續發展；管理階層於風險與報酬間取得均衡，以提昇股東價值。風險管理策略要明確文件化，並應建立完善的監督管理作業及缺失追蹤程序。

(2)**風險組織面：**

公司宜建立整體層級之獨立風險管理機制，以確保公司對於各項風險辨識、衡量、控制、溝通及監督之一致性。因此，公司內各單位皆應明確訂定不同之風險管理角色與責任，並以共同追求整體目標。公司須聘用適當之專業風險管理人員，並採用合適管理流程及分析運算工具，以有效執行風險管理。此外，稽核單位應建立適當之稽核計畫及程序，以檢視公司內各單位風險管理之實際執行狀況；對於查核時所發現的缺失或異常，應詳列於稽核報告中持續控管，並定期提出追蹤報告。

(3)**風險流程面：**

風險管理流程可分成四大面向：風險辨識、風險衡量、風險溝通及風險監控。風險管理流程應能落實風險管理政策，且能配合經營環境變遷作適當的調整，建立合乎公司的業務規模、性質及複雜程度的書面準則及程序。前述的準則及程序須清楚說明風險管理執行程序，並與風險政策結合；再者，依日常營運活動所涉之風險，擬訂詳細之風險管理步驟、權責劃分與報告呈報流程。

(4)**風險管理資訊面：**

公司宜建立完善的風險管理資訊架構，以提昇風險管理之效率。公司應確保風險管理資訊之品質水準，以使風險管理資訊使用者能參考該資訊，採取適當的風險管理行動。

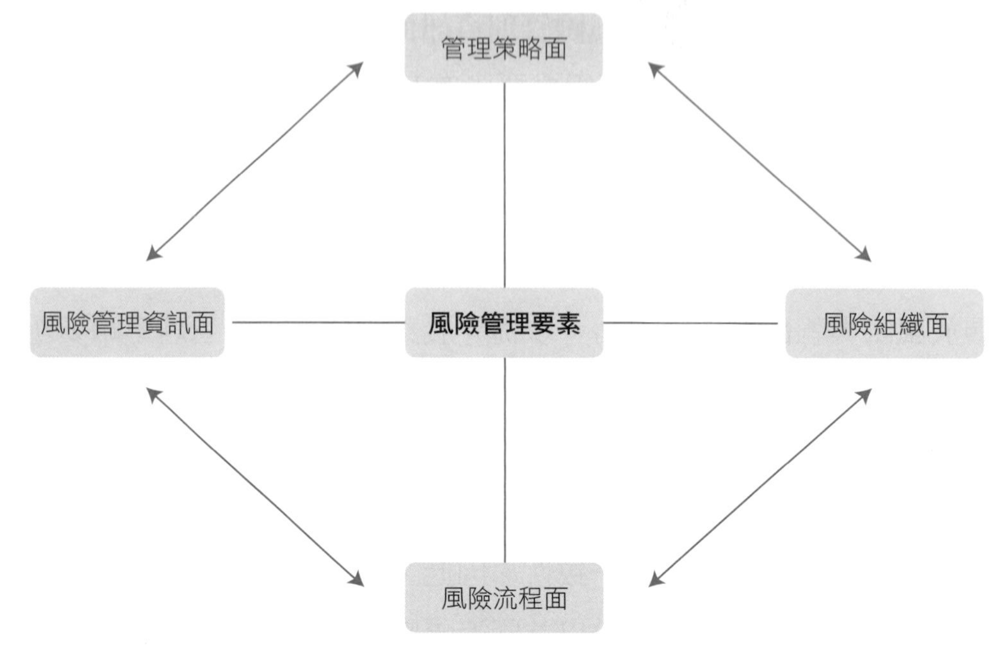

▲圖 1.2 風險管理四大組成要素

1.2.3 企業風險管理

當擬定企業策略與業務目標時，納入風險考量，管理階層試圖把可能風險在事前降到最低，**企業風險管理** (Enterprise Risk Management, **ERM**) 有助於優化達成目標的預期結果。在過去的幾十年中，善用科技與數量方法讓誤差的幅度逐漸縮小，促使我們對風險的瞭解與企業風險管理的實務應用，已有極大的改善。這就是企業風險管理為什麼既可以被稱為藝術，又可以被稱為科學的原因。企業風險管理不僅僅是一個職能或部門，更是一種文化、能力及實務。企業組織將風險管理整合於策略設定中，並在執行該等策略時加以應用，其目的係在創造、維護及實現價值過程中，持續做好企業管理風險。

企業風險管理不僅僅是一份風險清單，需要對組織內部所有風險進行盤點與彙整；企業風險管理的範圍廣泛，包括管理階層對企業文化的瞭解，以及積極管理風險所執行的各種工作。企業風險管理不僅僅涉及內部控制，還要討論其他主題，諸如策略設定、治理、與利害關係人溝通、及衡量績效等。企業風險管理的原則應用於企業的所有層級，與跨越所有職能。企業風險管理是一份風險清單，可以為特定機構建立或整合各種流程的一套風險管理原則，也是可持續監督、學習及改善績效的一個制度。

實戰練習 1-4：企業風險管理議題

問題分析：從董事會重要策略議題決策到日常營運決策，有關這些方案選擇的風險處理，都是決策制定的一部分。請問董事會可能詢問管理階層，關於企業風險管理的有哪些議題？

討論重點：

(1)管理階層（不限於風險長）是否能清楚地闡明，在選擇策略或制定業務決策時，如何辨識各種風險以進行所有風險的盤點與彙整？

(2)管理階層是否能清楚地闡明組織之風險胃納，以及其如何影響一個具體的決策？管理階層的風險承擔的心態，是與企業文化非常相關的。董事會也可以要求高階主管不但要討論風險管理過程，而且要討論企業文化。

1.3 法規遵循

依據美國 COSO 內部控制整合架構，內部控制的三大目標是營運、報導、遵循；其中，第三大目標法令遵循是最明確，企業一定要遵法，才能成功地永續經營。我國上市上櫃公司已設立法令遵循單位，也聘任法遵主管，以綜理法令遵循事務。

1.3.1 法令遵循單位

在多元競爭的經營環境，企業面臨法規遵循風險的多項挑戰，通常包括無法即時掌握法規的更新、未能正確解讀法規內容、不清楚法規要求及其影響、法規要求未能內化控管至營運流程中、缺乏即時偵測與預防違法風險之機制等重大問題。

因此，企業有必要設立法令遵循單位，達成下列三項目的：(1)維護公司合規性—確保公司營運確實遵循外部法令與公司內部程序及政策，降低公司的經營風險。(2)保護公司信譽—員工的守法及道德意識，為法令遵循最重要的根本，可防止違法行為，有助於保護公司信譽及社會形象。(3)降低裁罰風險—公司建立遵法制度，有助於降低違反法令的機率與衝擊，經理人履行善良管理人責任，可降低裁罰風險。

有關內部控制三道防線，第一道防線「**業務單位自行查核制度**」；第二道防線「**法令遵循制度、風險管理機制等幕僚單位的查核機制**」；第三道防線「**內部稽核功能**」。企業建立良好之法令遵循機制，以之作為維護誠信經營核心價值的方法之一，建立企業整體的法令遵循文化。

依據「金融控股公司及銀行業內部控制及稽核制度實施辦法」，金融控股公司及銀行業之總機構應設立一隸屬於總經理之法令遵循單位，負責法令遵循制度之規劃、管理及執行；並指派高階主管一人擔任總機構法令遵循主管，綜理法令遵循事務，至少每半年向董（理）事會及監察人（監事、監事會）或審計委員會報告。如發現有重大違反法令或遭金融主管機關調降評等時，應即時通報董（理）事及監察人（監事、監事會），並就法令遵循事項，提報董（理）事會。再者，防制洗錢及打擊資恐專責單位設於法令遵循單位者，該專責單位人員充任前及每年應受之訓練，依防制洗錢及打擊資恐相關規定辦理。

1.3.2 數位轉型與法遵科技

因應全球「**數位轉型**」發展趨勢，我國政府政策扶植創新產業發展，營造友善創新企業的籌資環境，在臺灣證券交易所及櫃檯買賣中心分別增設的臺灣創新板、戰略新板，在 110 年 7 月 20 日正式開板，象徵國內資本市場邁向新里程碑。臺灣創新板經參採國際間主要交易所上市條件，調整現行制度以符合新創企業需求，期能引導資金投入創新生態圈，打造嶄新的籌資管道，進而彰顯新創公司價值，並帶動經濟發展的良性循環。櫃檯買賣中心的戰略新板，聚焦六大核心戰略產業：一、資訊及數位相關產業（物聯網及 AI 等）；二、結合 5G、數位轉型及國安的資安產業；三、接軌全球之生物醫療科技產業；四、軍民整合之國防及戰略產業；五、綠電及再生能源產業；六、關鍵物資供應及民生戰備產業。

數位轉型 (Digital Transformation) 係指企業開始使用新科技、新技術，將傳統商業模式優化，內部作業流程再造，以及為客戶服務提供新價值的營運模式轉型。如圖 1.3，經濟部協助中小型零售與餐飲店家導入數位服務方案，加快科技應用腳步，讓顧客服務流程更加現代化，提高店家競爭力。

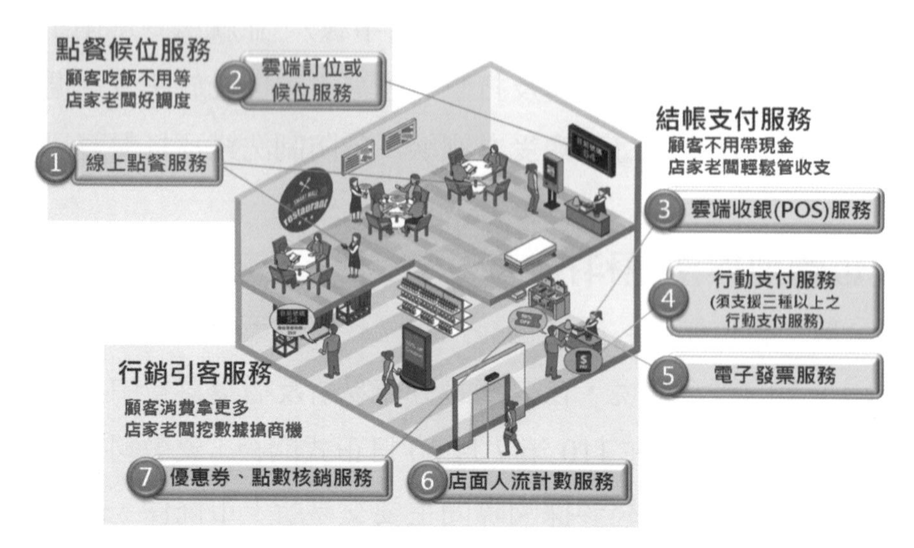

▲圖 1.3 小吃店數位轉型作業流程圖

資料來源：經濟部中小型店家數位轉型補助方案
https://sme.bizlion.com.tw/SME/Front/Intro

小規模營業人透過數位化，將企業的行銷、業務、客戶服務、人力調配、會計、報稅等各個功能之間以及內部營運的流程資料數據化，讓不同功能之間可以更有效率地協調與統整，店家也提供更好的服務品質與用戶體驗。此外，透過數據分析、社群行銷、行動技術、電子商務等工具，在網路上收集用戶提供的重要情報，讓小規模營業人掌握市場消費者各種不同需求，提供超越以往的服務價值。

數位轉型就是企業轉型，涉及全組織的變革管理專案。通常數位轉型專案的失敗，起因於規劃不完善、目標不明確、策略不務實、人財不足夠、執行欠監督、缺失未改善等，這些問題往往是和領導人觀念和組織文化高度相關，而非技術層面的障礙。因此，企業執行數位轉型，要視同再造工程計畫，找出營運的痛點，再善用資訊科技改善原有的內部控制缺失，可改良的項目包括目標管理、人員工作排程、預算規劃與控制、財務收支控管、績效差異分析、缺失改善追蹤等項目。

實戰練習 1-5：數位轉型與流程再造

問題分析：現行全球企業皆已展開「數位轉型」革命，數位化與資訊化明顯地影響企業內部控制之設計與執行。企業營運導入資訊科技應用，對企業內部控制，通常具有的優點為何？請列舉五點說明之。

討論重點：

(1)傳統小規模店家，因為人力與財力不夠充足，通常會營運績效不良或運作不穩定。這些問題推究其因，往往起因於規劃不完善、目標不明確、策略不務實、人才不足夠、執行欠監督、缺失未改善等內部控制失控的問題。

(2)企業可執行數位轉型，視同再造工程計畫，來改善現行問題。首先，找出目前營運的痛點，再善用資訊科技改善原有的內部控制缺失，可改良的項目包括目標管理、人員工作排程、預算規劃與控制、財務收支控管、績效差異分析、缺失改善追蹤等項目。如此一來，企業的規劃、執行、控制層面，皆可運用資訊科技來收集和分析數據，可供業者作為數位轉型相關決策參考。

以金融業為例來說明，**金融科技** (FinTech) 係指將傳統金融服務，結合透過電子化功能與新的數位平台，提供客戶更即時、更便利與有效率的個人化金融服務。金融主管機關將科技應用於監理領域，稱為**監理科技** (SupTech)；而將科技應用於金融機構之風險管理及法令遵循領域，稱為**法遵科技** (RegTech)。隨著金融科技之快速發展與經營型態之推陳出新，管控作業日益繁瑣，監理科技與法遵科技應用領域越來越廣。「風險監理導向」鼓勵企業管理階層透過新興科技，來檢核業務適法性，即時監控經營活動的法令遵循情形，並預防新型態的金融科技風險。

面對數位轉型的科技時代，物聯網、區塊鏈、人工智慧、通訊科技等技術的結合，將帶來許多創新營運模式，其背後隱藏的法令遵循／合規 (Regulatory/Compliance) 風險，特別是資訊安全風險，將會成為創新服務不穩定的變數。所謂法令遵循／合規，主要是在控制「合規風險」。當公司未遵循法令規範、公司內部政策及程序時，可能產生不符合法規遵循的風險與損失。

面對金融環境的改變，各國金融監理機構也訂定相對應規範與監理科技，來管理上市上櫃公司。企業面對如此大量且複雜的法令規範，加上監理機構的監管趨於嚴格以及罰鍰金額增高，金融機構需投入於法令遵循作業相關成本大幅增加。金管會於民國 107 年 3 月 31 日修訂「金融控股公司及銀行業內部控制及稽核制度實施辦法」，為強化金融控股公司及銀行業法令遵循制度，新增條文第三十四條之一，規定銀行業應建立全行之法令遵循風險管理及監督架構，並進一步辨識、評估、控制、衡量及監控全行之法令遵循風險，以利銀行業與監理機關，可進一步針對法令遵循風險弱點予以強化管理。

課後自我評量

選擇題

1. 請問下列哪一項敘述不正確？
   (A)公司應該建立良善的公司治理制度
   (B)公司應確保股東對公司重大事項能夠充分知悉
   (C)公司不需具有與股東互動機制
   (D)公司應能保障股東權益，並公平對待所有股東

2. 請問上市上櫃公司應依規定設置之獨立董事，至少有幾名？
   (A)二人以上
   (B)三人以上
   (C)四人以上
   (D)五人以上

3. 上市上櫃公司保持正常經營發展，以及實現股東利益最大化，並應關注消費者權益、社區環保及公益等問題，如此表示企業重視下列哪一個議題？
   (A)企業損益平衡
   (B)公司社會責任
   (C)永續經營
   (D)股東獲利最大化

4. 有關企業風險管理敘述，請問下列哪一項不正確？
   (A)是一份風險清單
   (B)需要對組織內部所有風險進行盤點與彙整
   (C)企業風險管理的範圍廣泛
   (D)積極管理風險所執行的各種工作

5.將科技應用於金融機構之風險管理及法令遵循領域，請問屬於下面哪一項？
(A)監理科技
(B)法遵科技
(C)金融科技
(D)數位轉型

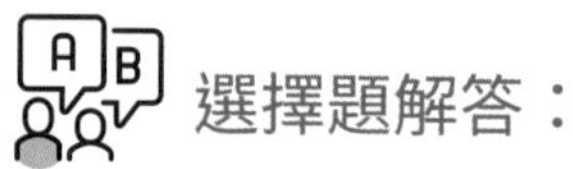

選擇題解答：

1.答案(C)。公司不需具有與股東互動機制，這是不正確的作法；公司應該具有與股東互動機制。

2.答案(A)。上市上櫃公司應依規定設置之獨立董事，至少二人以上。

3.答案(B)。上市上櫃公司保持正常經營發展，以及實現股東利益最大化，並應關注消費者權益、社區環保及公益等問題，表示企業重視企業社會責任。

4.答案(A)。企業風險管理不僅僅是一份風險清單，需要對組織內部所有風險進行盤點與彙整；企業風險管理的範圍廣泛，包括管理階層對企業文化的瞭解，以及積極管理風險所執行的各種工作。

5.答案(B)。將科技應用於金融機構之風險管理及法令遵循領域，屬於法遵科技。

問答題

1.請問餐飲業者的利害關係人有哪些？所需考慮利害關係人的主要權益是甚麼？

2.上市上櫃公司應以有效的公司治理架構為基礎，來訂定公司治理制度。請舉例說明公司如何訂定公司治理制度？

3.由於風險事件發生是可能連動的，事件會如雪球越滾越大。企業如果可以及早建立一個風險辨識評估的管理機制，並快速回應的動作，就可以將風險事件所可能帶來的損失降低。請說明豐田公司對風險事件的反應，以及受風險事件的影響分析？

4. 請問董事會可能詢問管理階層，關於企業風險管理的有哪些議題？

5. 現行全球企業皆已展開「數位轉型」革命，數位化與資訊化明顯地影響企業內部控制之設計與執行。企業營運導入資訊科技應用，對企業內部控制，請列舉五項優點說明之。（參考 108 年公務人員高等考試三級考試試題改編）

問答題解答：每一題請參考實戰練習 (1–1) 至 (1–5) 的說明。

第2章

內部控制制度

第2章 內部控制制度

學習目標：

1. 認識內部控制的整合架構
2. 分析內部控制三道防線
3. 瞭解數位科技與內部控制

內部控制制度之主要目的，是促使企業達成既定的目標，讓管理階層更能控管組織營運，並提供董事會足夠資訊來監督企業達成目標。基本上，導入內部控制制度，可以使管理階層專注於組織追求達成其營運和財務的績效目標；同時，顧及營運和財務遵循相關法令以及降低發生異常的情況。因此，內部控制是讓組織能夠更有效率、有效果地達成目標，並且有能力因應經濟競爭環境以及經營模式的改變。

2.1 內部控制之整合架構

美國 COSO 委員會於 1992 年首次公布「**內部控制—整合架構**」架構，至今已獲得廣泛的接受，並且被世界各國政府單位與企業個體有效地實施與應用。該架構已被認可為一個領先的內部控制架構，用來設計、執行和評估內部控制制度之有效性。從初始架構開始至今的二十多年來，商業環境已經產生劇烈的改變，趨向營運科技化以及範疇全球化，因此經營方式變得更加多元化。此外，利害關係人更致力於尋求企業內部控制制度完整性，期待能有較好的資訊透明度與組織課責性，以強化公司治理機制。

2.1.1 目標與要素

內部控制的定義：「內部控制是一套過程，受到組織的董事會、管理階層及其他人員的影響，被設計來提供合理的確認關於達成下列各類的目標：(1)**有效率和有效果的營運**，(2)**可靠的報導**，(3)**相關法規的遵循**。」

這個定義強調內部控制適用於企業整體與組織架構內的單位；適合於一個或多個分開的目標，但非疊床架屋的目標類型。內部控制是由不間斷的任務和活動所組成的一個過程，此為達到組織所訂定目標的一套過程，而內部控制不是訂定目標。內部控制的設計與執行，不僅受到組織的政策、制度和形式之影響，而且會受到任何在組織中會影響目標達成的人之影響。因此，內部控制僅能對董事會及管理階層，提供合理確保目標達成，而非絕對確認一定達標。

依據 COSO 2013 版「內部控制－整合架構」，以及「公開發行公司建立內部控制制度處理準則」，公司之內部控制制度係由經理人所設計，經過董事會通過後執行；並由董事會、經理人及其他員工執行之管理過程，其目的在於促進公司之健全經營，以合理確保下列三項目標之達成：

一、營運之效率及效果，包括獲利、績效及保障資產安全等目標。

二、報導具可靠性、及時性、透明性及符合相關規範。

三、遵循相關法令規章。

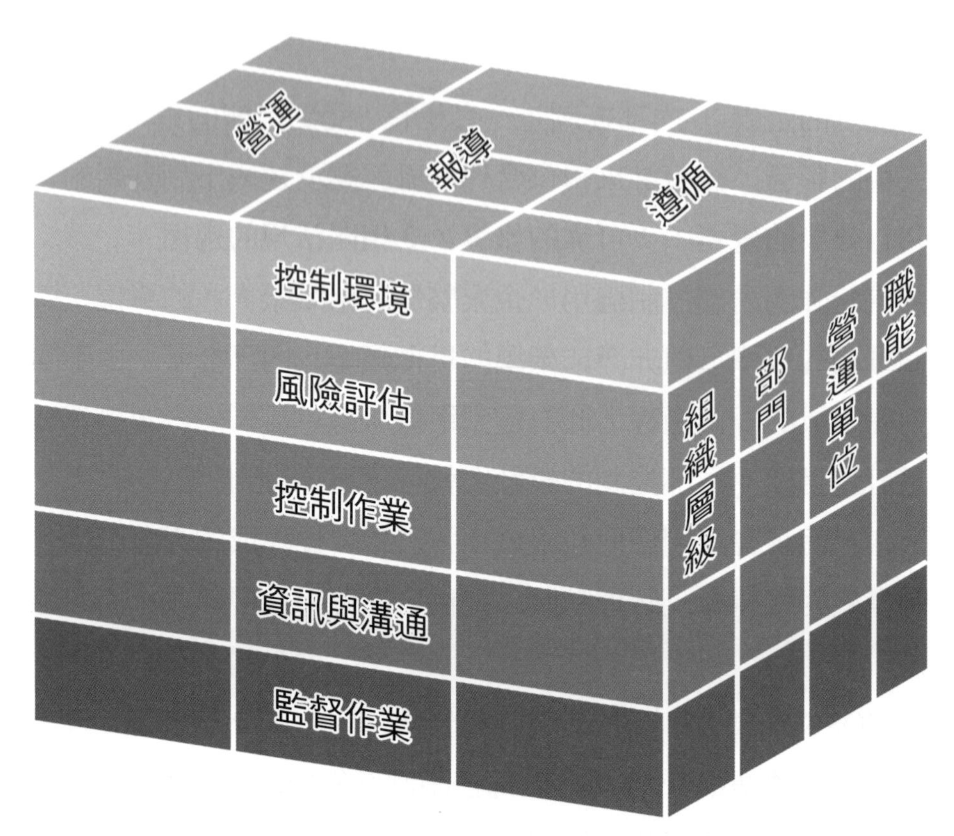

▲圖 2.1 COSO 內部控制的目標與要素（2013 年版）

如圖 2.1 所示，公司內部控制制度應包括下列五個組成要素：

一、**控制環境**：此要素為公司設計及執行內部控制制度之基礎，包括公司之誠信與道德價值、董事會成員及監察人治理監督責任、組織結構、權責分派、人力資源政策、績效衡量及獎懲等。董事會與經理人應建立內部行為準則，包括訂定董事行為準則、員工行為準則等事項。

二、**風險評估**：風險評估之先決條件為確立各項目標，並與公司不同層級單位相連結，同時需考慮公司整體目標與單位目標之適合性。管理階層應考量公司外部經營環境與自己商業模式改變之影響，以及可能發生之舞弊情事；其評估結果，可協助公司及時設計、修正及執行必要之控制作業。

三、**控制作業**：係指公司依據風險評估結果，採用適當政策與程序之行動，將風險控制在可承受範圍之內。控制作業之執行應包括公司所有層級與單位層級、業務流程內之各個階段、科技環境等範圍，以及對子公司之監督與管理。在控制作業方面，相關作業流程設計，要注意「**職能分工**」原則，例如管錢者就不管帳、負責採購就不能負責倉儲庫存管理等。

四、資訊與溝通：係指公司蒐集、產生及使用，來自內部與外部之攸關、具品質之資訊，以支持內部控制其他組成要素之持續運作，並確保資訊在公司內部運轉，及公司與外部之間皆能進行有效溝通。內部控制制度須具備產生規劃、執行、監督等所需資訊，以及提供資訊需求者適時取得資訊之機制。

五、監督作業：係指公司進行持續性評估、個別評估或兩者併行，以確保內部控制制度之各組成要素是否已經存在以及持續運作。持續性評估係指不同層級營運過程中之例行評估；個別評估係由內部稽核人員、監察人或董事會等其他人員進行專案評估。對於所發現之內部控制制度缺失，應向適當層級之管理階層、董事會及監察人溝通，並且及時改善與追蹤改善結果。

2.1.2 公司營運相關控制作業

俗語說:「好的開始是成功的一半」，這也適用於公司成長經營。實務上，也常見企業未能在設立初期建立內部控制制度，放任員工自行發展作業模式；隨著公司擴大營運規模，公司經營者才驚覺此時要花更多成本與時間，才能讓公司營運管理步入制度化正軌。

通常一般人對內部控制的誤解，包括內部控制要求寫不完的表單、層層審批的牽制、綁手綁腳的流程控管，以及吹毛求疵的監督等；其實這些誤解可以用制度和科技來化解。內部控制就是企業發展的基礎工程，隨著企業的規模成長、營運複雜度而改變，企業的內部控制就要作調整。內控制度的三大目標就是讓企業營運有效率又有效果、報導可靠訊息、遵循相關法令規範，以達到公司短中長期的目標。

公司之內部控制制度應涵蓋所有營運活動，遵循國家和所屬產業法令，並應依企業所屬產業特性以營運循環類型區分，訂定對下列八大循環之控制作業：

一、**銷售及收款循環：**包括訂單處理、授信管理、運送貨品或提供勞務、開立銷貨發票、開出帳單、記錄收入及應收帳款、銷貨折讓及銷貨退回、客訴、產品銷毀、執行與記錄票據收受及現金收入等政策與程序。

二、**採購及付款循環：**包括供應商管理、代工廠商管理、請購、比議價、發包、進貨或採購原料、物料、資產和勞務、處理採購單、經收貨品、檢驗品質、填寫驗收報告書或處理退貨、記錄供應商負債、核准付款、進貨折讓、執行與記錄票據交付及現金付款等政策及程序。

三、**生產循環：**包括環境安全管理、職業安全衛生管理、擬訂生產計畫、開立用料清單、儲存材料、領料、投入生產、製程安全控管、製成品品質管制、下腳及廢棄物管理、產品成分標示、計算存貨生產成本、計算銷貨成本等政策及程序。

四、**薪工循環：**包括僱用、職務輪調、請假、排班、加班、辭退、訓練、退休、決定薪資率、計時、計算薪津總額、計算薪資稅及各項代扣款、設置薪資紀錄、支付薪資、考勤及考核等政策及程序。

五、**融資循環：**包括借款、保證、承兌、租賃、發行公司債及其他有價證券等資金融通事項之授權、執行與記錄等之政策及程序。

六、**不動產、廠房及設備循環：**包括不動產、廠房及設備之取得、處分、維護、保管與記錄等政策及程序。

七、**投資循環：**包括有價證券、投資性不動產、衍生性商品及其他投資之決策、買賣、保管與記錄等政策及程序。

八、**研發循環：**包括對基礎研究、產品設計、技術研發、產品試作與測試、研發記錄與文件保管、智慧財產權之取得、維護及運用等政策及程序。

實戰練習 2-1：營運控制作業分工

問題分析：可愛玩具店是一家 3 人經營的微型企業，老闆聘請張華與李明二位員工。玩具店營運麻雀雖小五臟俱全，有 18 項控制項目，老闆王美麗只要負責 2 項控制項目，其他項目依據「**職能分工**」原則來分配給二位員工。為求企業成功地永續經營，請您幫忙做 2 件事：⑴分配三人工作所根據的基準；⑵每一項控制項目，只有 1 人負責控制，列示公司主要流程的控制作業與公司 3 人的控制項目分工表。

討論重點：

⑴分配三人工作所根據的基準：

組織應遵循「**職能分工**」的原則，例如授權、簽發、核准、執行、記錄工作，不應該由一個人擔任，以免增加發生差錯和舞弊的可能性。上述案例的工作分配基準，可參考下列的基準：

(A)會計與出納職務分離。出納人員也不得兼任稽核、會計檔案保管和收入、支出、費用、債權、債務帳目的登記工作。

(B)會計與稽核職務分離。

(C)支票保管與印章保管職務分離。

(D)支票審核與支票簽發職務分離。通常支票簽發職務由出納擔任，其他會計人員不得兼任。

(E)銀行印鑑保管職務、企業財務印章保管職務、職務人名印章保管職務分離，不得由同一人保管支付款項所需的全部印章。

(F)寄送對帳單的人不能負責銷售和應收帳款的記錄。

⑵公司 18 項控制作業，分配給三人的控制項目分工表

▼18 項控制作業的控制項目分工表

項目	張華	李明	王美麗
1.核可客戶的信用額度。	●		
2.根據銷貨單與送貨單等資訊開立帳單，在銷貨日記帳登錄發票資訊，並更新應收帳款明細帳。	●		
3.收發郵件、取出客戶付款支票，並編制當日收現清單。		●	
4.在現金收入日記帳上登錄當日收取現金資訊，並更新應收帳款明細帳。		●	
5.編製每日現金存入銀行帳戶之存款條。		●	
6.將每日收取之現金存入銀行。		●	
7.根據人工計時單計算薪資，據以開立薪資支票並更新薪資日記帳與薪資明細帳。		●	
8.在已開立之薪資支票上蓋章。	●		
9.整理應支付各式款項之相關憑證，據以開立支付各式款項之支票。		●	
10.在支付各式款項的支票上蓋章。	●		
11.根據已蓋章之支票，在現金支出日記帳上登錄相關資訊，並更新相關明細帳。	●		
12.將已蓋章之支票郵寄給受款人。		●	
13.在已開立支票之相關憑證上注記已付款，避免重複付款。	●		
14.每月底將日記帳過帳到分類帳，並檢查是否有餘額不太尋常的會計專案。	●		
15.應收帳款明細帳與總帳進行調節，並檢查是否有帳齡超過90 日之應收帳款。	●		
16.根據應收帳款明細帳，為每位客戶編製並寄出每月對帳單。			●
17.將供應商寄來的每月對帳單與應付帳款明細帳進行調節。			●
18.編製銀行調節表。	●		

一般公司之內部控制制度，除前面所述的各種營運循環類型之控制作業外，還有一些行政作業方面的控制，包括印鑑使用之管理、票據領用之管理、預算之管理、財產之管理、職務授權及代理人制度之執行、資金貸與他人之管理、財務及非財務資訊之管理、關係人交易之管理等。如果是我國的上市上櫃公司，行政作業方面的控制，另外含有財務報表（適用國際財務報導準則，IFRS）編製流程之管理、對子公司之監督與管理、董事會議事運作之管理、股務作業之管理、個人資料保護之管理、審計委員會議與薪酬委員會議

事運作之管理、防範內線交易之管理等項目。

有關公司使用電腦化資訊系統處理者，其內部控制制度除資訊部門與使用者部門應明確劃分權責外，至少應包括資訊處理部門之功能及職責劃分、系統開發及程式修改之控制、編製系統文書之控制、程式及資料之存取控制、資料輸出入之控制、資料處理之控制、檔案及設備之安全控制、硬體及系統軟體之購置與使用及維護之控制、系統復原計畫制度及測試程序之控制、資通安全檢查之控制等。如果是我國的上市上櫃公司，定期或不定期向金融監督管理委員會指定網站，進行公開資訊申報相關作業之控制。

2.2 內部控制三道防線

有效協助企業完善內部控制制度及強健企業體質，需要落實內部控制三道防線理念。企業要建立內部控制三道防線架構之前，應先明確釐清風險與控制，再確認三道防線之權責範圍，以利各單位了解其各自在企業整體風險及控制架構所扮演之角色。基本上，加強風險管理及內部控制工作的溝通協調，以及強化三道防線各司其職。

2.2.1 風險與控制

公司可建立風險管理與內部控制的綜合性管理架構，有助於提高經營績效和有效降低內部控制缺失行為的機率。一般內部控制的缺失，分為下列三種類型：

一、一般缺失：與既定的計畫、政策、預算有偏離。

二、重大缺失：職能分工不好，容易造成舞弊；例如同一人員負責管錢又管帳，資料輸入者也是程式修改者等。

三、重大缺陷：有違法情事產生，例如發生被主管機關裁罰案件者。

內部控制目的有兩種：⑴偵測缺失，⑵預防缺失；公司可善用這兩種方式，來降低內部控制缺失的發生機率，如表 2.1 所示。例如存貨被偷係屬流動性風險，可加強職能分工來區分兩項工作：「掌管倉庫貨物進出者」與「登記存貨資料者」，還要各有監督機制，以確保貨品數量與紀錄資料的正確性；這是一種預防性內部控制目的，適用於採購與倉儲管理循環流程。

▼表 2.1 風險與控制相關案例

風 險	風險種類	控 制	內控目的	循環流程
存貨被偷	流動性風險	職能分工	預防	採購與倉管
原料浪費	流動性風險	標準作業程序	預防	生產與加工
薪資錯誤	人為錯誤風險	定期檢查薪資帳本、股東名冊	偵測	財務與會計
員工個人資料外漏	系統風險	加強系統控制	預防	人力資源
給錯客戶信用額度	授信風險	強化控管授信額度	預防	銷售與收款

為有效降低風險至可容忍範圍內，需要採用重要的內部控制配套措施，主要五項並逐項分別闡述之：㈠授權 (Authorization)，㈡職能分工 (Segregation of Duties)，㈢存取控制 (Access Control)，㈣獨立驗證 (Independent Verification)，㈤會計紀錄 (Accounting Records)。

㈠授權 (Authorization)

授權機制讓組織內各個層級人員的職責範圍和職務範圍更明確，同時明確闡明組織內每個人應承擔的責任。落實授權的內部控制，將使業務在發生時就有控制功能，這是一種事前控制，可有效事前限制濫用職權。授權控制有兩種形式：⑴一般授權：對辦理一般經濟業務權力等級和批准條件的規定；⑵特殊授權：當某項經濟業務超出一般授權範圍時，所給予的處理經濟業務的核決權。

㈡職能分工 (Segregation of Duties)

對於不相容的工作職務，應在組織及流程作業上予以分離。原因在於這些不相容的職責，若都集中於一個人身上，就會增加發生舞弊風險或出現錯誤的機率。組織對下列職責應要求必須進行分離：⑴授權批准的職務與執行任務的職務，必須分離。⑵執行任務的職務與審核把關的職務，必須不同人負責。⑶管理或處理資產的職務與記載資產進出的職務，必須明確區分。

㈢存取控制 (Access Control)

關於存取權限的控制，一般依組織內的職位階層，來進行分類及設定；然後，再依組織營運需要，由相關主管提出加開權限的申請。由於組織內員工眾多，難以客製化通盤了解各單位需求，所以通常被動的執行存取權限控管。如今，大多數組織或企業都會執行跨功能協作的專案，應就專案進行存取權限管控。對專案團隊成員設定存取權限，如果一發生存取權限的問題，立即對於雙方或多方發出警示通知，必要時，得立即停止整個專案進行。

㈣獨立驗證 (Independent Verification)

提到獨立驗證，首先應先針對驗證 (Verification) 這個程序進行解釋：主要是檢核報表、數據或工作內容產品是否符合法規規範或內控制度。若是執行驗證的單位人員欠缺公正客觀或獨立性 ，可以委託第三方進行獨立驗證 (Independent Verification) 。例如內部稽核單位委請獨立驗證者進行訪談覆核評估，針對內部稽核單位完成的工作而出具報告。獨立驗證者將提出書面說明，表示是否認同內部稽核單位的內控自我評核的結論。另外，我們可以學習 ISO 體系的第三方稽核 (Third Party Audit) 依據 ISO 19011 指出，所謂「第三方稽核」是指具有公信力的獨立驗證機構，依特定的標準對公司辦理評鑑，並發給證書以資證明。

㈤會計紀錄 (Accounting Records)

依據《商業會計法》第 33 條規定：「非根據真實事項，不得造具任何會計憑證，並不得在會計帳簿表冊作任何記錄。」可知會計人員有忠實記載之義務，當會計人員未盡忠實記載之義務時，是必須負擔應有的法律責任。會計紀錄泛指會計帳簿、會計憑證、會計報表及發票、合同、簽約等其他原始資料的統稱。透過會計的紀錄，不僅對資本進行詳細具體的量化，也對數據進行分類、彙總及加工。只有經過這一套程式，會計才能產生有助於經濟決策等方面的財務訊息。

實戰練習 2-2：內部控制配套措施

問題分析：為有效降低風險至可容忍範圍內，需要採用重要的內部控制配套措施，針對下列兩項逐項分舉例說明：⑴職能分工，⑵存取控制。

討論重點：

⑴對於不相容的工作職務，應在組織及流程作業上予以分離。原因在於這些不相容的職責，若都集中於一個人身上，就會增加發生舞弊風險或出錯的機率。例如，授權批准的職務與任務執行的職務必須分離，任務執行的職務與審核把關的職務兩個職務的負責人必須不同，管錢的人與管帳的人要不同等。

⑵關於存取權限的控制，一般依組織內的職位階層，來進行分類及設定；然後，再依組織營運需要，由相關主管提出加開權限的申請。企業如果執行跨功能協作的專案，應就專案進行存取權限管控。如果一發生存取權限的問題，立即對於雙方或多方發出警示通知；必要時，得立即停止整個專案進行資料存取功能，以免發生個人資料外洩的問題。

2.2.2 三道防線

公司應建立內部控制三道防線模式，明確規範每一道防線之權責範圍，有助各單位了解其在組織整體的風險管理與內部控制架構所扮演之角色與功能，可加強風險管理及內部控制工作的溝通協調。如圖 2.2 所示，第一道防線為營運單位管理職能、第二道防線為法令遵循與風險管理等幕僚單位、第三道防線為內部稽核職能，三道防線各司其職。

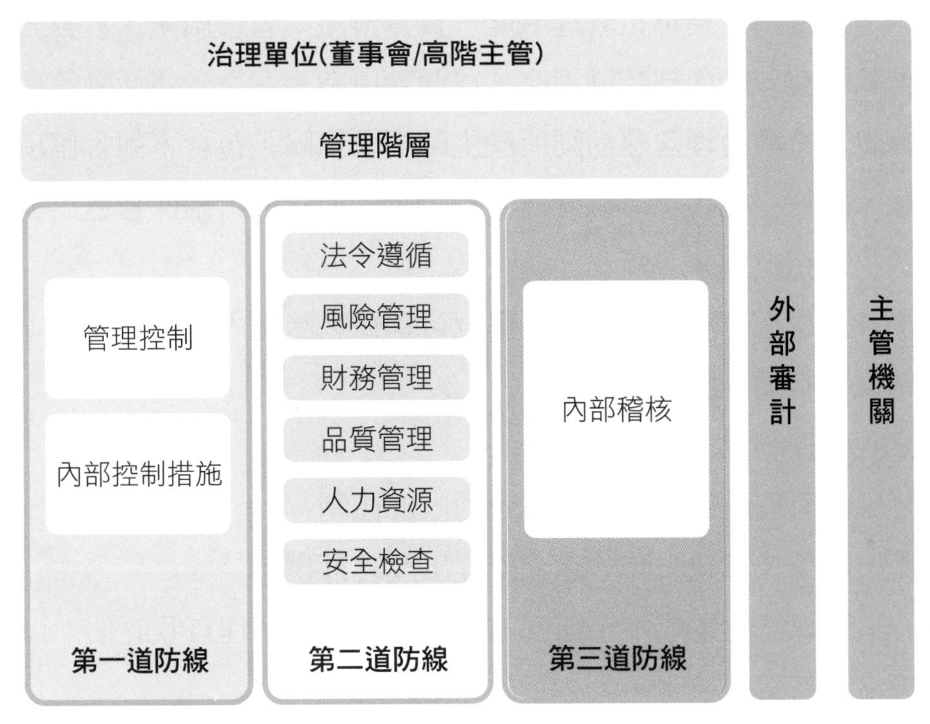

▲圖 2.2 內部控制三道防線

公司的內部控制三道防線，各個單位就其功能及業務範圍，承擔各自日常事務所產生的風險，如表 2.2 所示。由於每家公司有其獨特性，且業務特定情況有差異，所以通常沒有一種正確協調三道防線的機制。但是，在分派特定職責以及協調不同風險管理職能時，每一道防線有基本角色的職能和職責。

董監（理）事及高階主管，應積極地監督公司的內部控制三道防線之建立與執行，並對其有效性負有最終之責任；因此，董監（理）事及高階主管要求管理階層，要清楚界定各道防線之角色、功能及權責。管理階層建立三道防線架構時，應考量各單位營運的性質、大小、複雜程度及風險狀況來進行調整，以確保三道防線之有效性。

▼表 2.2 三道防線的職能與職責

防線類型	第一道防線	第二道防線	第三道防線
職能	營運單位管理職能	法令遵循與風險管理	內部稽核
職責	營運管理 督導控制	有限獨立性 向管理階層報告	超然獨立性 向治理單位報告

第一道防線為營運單位管理職能，負責辨識與管理風險，針對該風險特性設計並執行有效的內部控制程序，以涵蓋所有相關之營運活動管理。第一道防線負責及持續管理營運活動所產生的相關風險，包含下列各個項目：

一、辨識、評估、控制及降低營運活動所產生的風險，確保營運活動與公司目標及任務一致。

二、督導各單位應將風險控制在其單位可承擔之範圍內，並依需要向第二道防線報導其曝險狀況。

三、建立內部控制程序。

四、執行風險管理程序，並維持有效的內部控制。

五、偵測出內部控制缺失時，應立即提出改善計畫。

第一道防線應定期或不定期就前面各個項目，辦理自我評估。以確保風險有被適當且有效地控管。

第二道防線為法令遵循與風險管理職能，功能在於訂定公司整體風險管理政策，監督風險承擔能力及承受風險現況；第二道防線專職單位，不限於法令遵循、風險管理、財務管理等單位。依照不同的功能性質，第二道防線之權責，包含協助辨識及衡量風險、定義風險管理角色及責任、提供風險管理架構，以及定期或不定期將風險管理結果呈報管理階層。

第三道防線為內部稽核職能，內部稽核單位應以超然獨立之精神，來執行稽核業務。內部稽核在公司擁有最高的獨立性及客觀性，針對公司治理、風險管理及內部控制的有效性提供確認，向治理單位及高階主管提供全面性的報告；此種高度的獨立性，並不存在於第二道防線。稽核重點在於稽核與評估風險管理及內部控制制度是否有效運作，範圍包含評估第一道及第二道防線所進行風險監控之有效性，並適時提供改進建議。藉此，以合理確保公司的內部控制制度得以持續有效實施，作為檢討日後修正內部控制制度之依據。

2.3 內部控制與數位科技

依據會計循環的步驟，原始憑證的收集和登錄日記帳，就是在收集、整理和分析原始**資料**；再過帳到分類帳、編製決算表、做調整分錄、調整後試算表的部分，在會計循環內每一個步驟產生不同的**資訊**。每一個分類帳顯示一個會計項目的期初餘額、增減變化、期末餘額；編製損益表和資產負債表後，每個財務報表展示不同的**知識**。例如損益表列報一段期間的收入、支出和營運結果。如圖 2.3 所示，企業可善用不同的科技，從資料收集、資訊彙整來達成知識創造的全部程序。

▲圖 2.3 知識創造

2.3.1 資訊科技對內部控制的影響

資訊科技應用可影響內部控制制度之設計與執行，因此稽核人員檢視受查單位內部控制制度時，應考量資訊系統應用的數位科技環境之特性。通常資訊科技應用到企業內部控制制度，具有的優點如下：(1)由於作業標準化提高，依賴人工作業程度減少；(2)因為資訊系統邏輯較為統一，對於內部控制設計有效性的驗證，將變成對系統邏輯的驗證；(3)稽核人員可大幅減少內控執行有效性抽樣測試的樣本數量，節省查核人力時間；(4)營運單位數位化轉型後，將可在關鍵環節保留作業軌跡，有助於查核佐證資料的蒐集；(5)讓資料大數據分析變成可能，通過有效的統計模型，業務態勢分析將由抽樣測試分析變成全部母體分析，提高業務管理的準確性。

實戰練習 2-3：資訊科技對內部控制的影響

問題分析：通常資訊科技應用到企業內部控制制度，稽核人員檢視受查單位內部控制制度時，應考量資訊系統應用的數位科技環境之特性。請問資訊科技應用到企業內部控制制度，具有哪些優點？

討論重點：

(1)由於作業標準化提高，依賴人工作業程度減少。

(2)因為資訊系統邏輯較為統一，對於內部控制設計有效性的驗證，將變成對系統邏輯的驗證。

(3)稽核人員可大幅減少內控執行有效性抽樣測試的樣本數量，節約查核人力時間。

(4)營運單位數位化轉型後，將可在關鍵環節保留作業軌跡，有助於查核佐證資料的蒐集。

(5)讓資料大數據分析變成可能，通過有效的統計模型，業務態勢分析將由抽樣測試分析變成全部母體分析，提高業務管理的準確性。

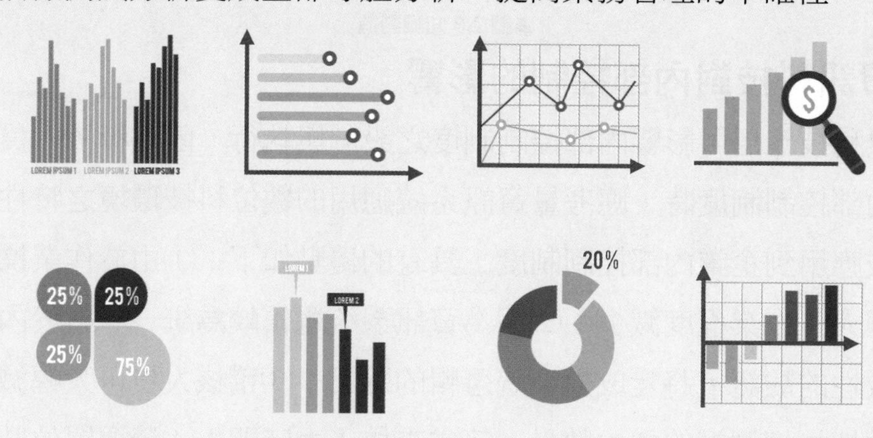

2.3.2 數位三角架構

數位化營運是現代組織發展的趨勢，企業經營者需要更有創意思考 (Creative thinking)，以跳脫框架且具有創新點子的非傳統知識和技能的思維方式，來進行決策程序。創意思考包括四個步驟：(1)辨識－找出問題、相關資訊和不確定因素；(2)探索－解釋和統整資訊；(3)排序－把考慮、選擇和導入解決方案的考量因素，依優先順序排列；(4)構想－思考解決方案的限制，以及使用查訊來告知未來的決策。

如圖 2.4 所示，以創意思考方式，來考量數位科技投資決策的數位三角 (Digital triangle) 的架構，其中包括人工智慧 (Artificial Intelligence)、區塊鏈 (Blockchain)、金融科技 (FinTech) 三個項目，分別扮演著經紀人 (Agent)、基礎工程 (Infrastructure)、應用系統 (Application) 三個角色。

亦即，將數位三角架構應用到金融科技的情景，人工智慧扮演著經紀人的角色；依據決策者的指示，來下達指令給負責基礎工程的區塊鏈。同時，人工智慧同時決定如何啟動應用程式的金融科技，讓數位三角架構的三大要素－人工智慧、區塊鏈、金融科技，三者一起來協同合作，共同達成決策者所交付的任務。

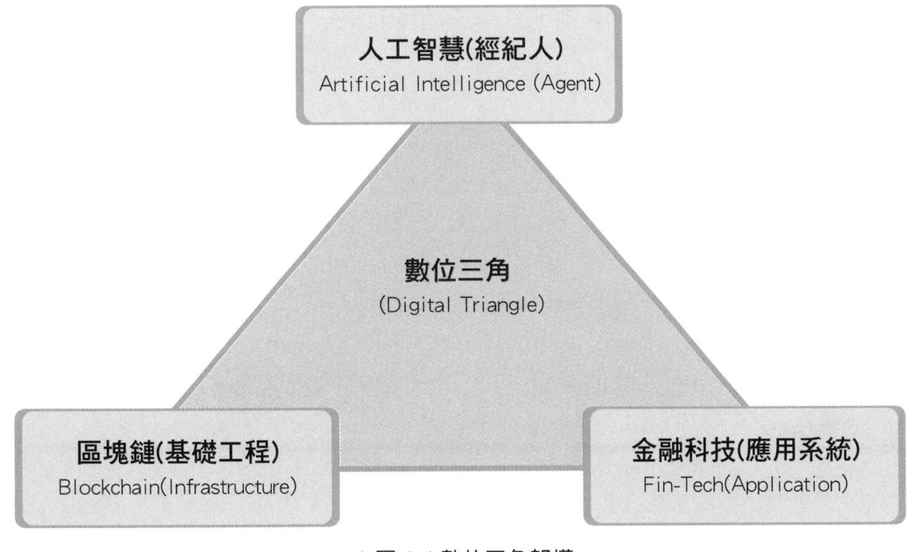

▲圖 2.4 數位三角架構

課後自我評量

選擇題

1.請問下列哪一項不是內部控制的三項目標之一？

(A)營運之效率及效果，包括獲利、績效及保障資產安全等目標

(B)報導具可靠性、及時性、透明性及符合相關規範

(C)遵循相關法令規章

(D)保護企業的員工個人資料

2.內部控制的一項要素，為公司設計及執行內部控制制度之基礎，包括公司之誠信與道德價值、董事會及監察人治理監督責任、組織結構、權責分派、人力資源政策、績效衡量及獎懲等。請問前面的敘述內容，應歸為內部控制的哪一個要素？

(A)控制環境

(B)風險評估

(C)控制作業

(D)監督作業

3.內部控制目的有兩種：(1)偵測缺失，(2)預防缺失，請問下面哪一個案例係屬內部控制目的是偵測缺失？

(A)存貨被偷

(B)原料浪費

(C)薪資錯誤

(D)員工資料外洩

4.企業的法令遵循與風險管理等職能，可歸類為內部控制的哪一道防線？

(A)第一道防線

(B)第二道防線

(C)第三道防線

(D)第四道防線

5.請問下列哪一項目，不是資訊科技應用到企業內部控制制度，具有的優點？

(A)由於作業標準化提高，依賴人工作業程度減少

(B)因為資訊系統邏輯較為統一，有助於內部控制設計有效性的驗證

(C)稽核人員對內控執行有效性抽樣測試，要維持一定的樣本數量

(D)營運作業數位化，可在關鍵環節保留作業軌跡，有助於查核佐證資料蒐集

選擇題解答：

1. 答案(D)。內部控制的三項目標：(A)營運之效率及效果，包括獲利、績效及保障資產安全等目標。(B)報導具可靠性、及時性、透明性及符合相關規範。(C)遵循相關法令規章。內部控制的三項目標，沒有(D)項目。
2. 答案(A)。控制環境為公司設計及執行內部控制制度之基礎，包括公司之誠信與道德價值、董事會及監察人治理監督責任、組織結構、權責分派、人力資源政策、績效衡量及獎懲等。
3. 答案(C)。內部控制目的之一的偵測缺失，可用來偵測薪資錯誤；其他三個案例皆為預防缺失。
4. 答案(B)。企業的法令遵循與風險管理等職能，係屬企業內部幕僚單位的職能，可歸類為內部控制的第二道防線。
5. 答案(C)。稽核人員可大幅減少內控執行有效性抽樣測試的樣本數量，節約查核人力時間。

問答題

1. 一家微型企業玩具店，老闆聘請張華與李明二位員工。玩具店營運麻雀雖小五臟俱全，有 18 項控制項目，老闆王美麗只要負責 2 項控制項目，其他項目依據「職能分工」原則來分配給二位員工。為求企業成功地永續經營，請您幫忙做二件事：(1)分配三人工作所根據的基準；(2)每一項控制項目，只有一人負責控制，列示公司主要流程的控制作業與公司三人的控制項目分工表。

   （參考 109 年公務人員高等考試三級考試試題改編）

2. 為有效降低風險至可容忍範圍內，需要採用重要的內部控制配套措施，針對下列三項逐項分舉例說明：(1)職能分工，(2)存取控制。
（參考 107 年公務人員高等考試三級考試試題改編）

3. 通常資訊科技應用到企業內部控制制度 ， 稽核人員檢視受查單位內部控制制度時，應考量資訊系統應用的數位科技環境之特性。請問資訊科技應用到企業內部控制制度，具有哪些優點？
（參考 108 年公務人員高等考試三級考試試題改編）

問答題解答：每一題請參考實戰練習 **(2–1)** 至 **(2–3)** 的說明。

第 3 章

內部稽核簡介

第3章　內部稽核簡介

學習目標：

1. 內部稽核發展
2. 國際內部稽核專業實務架構
3. 內部稽核規程要素

當人類文明社會及經濟發展達到相當的水準，即開始出現企業的所有權與經營權分離之商業營運模式。在這種社會背景下，企業的所有權人對經營權需要有效的監督機制，於是稽核的觀念孕育而生。

3.1 內部稽核之發展

在專制統治年代，君王或貴族為了維護自身的利益，確保自己財產的安全無虞，會委任欽差大臣或親信協助檢查或盤點資產，此即為內部稽核的源起。隨著經濟活動日益發達，商業營運模式日漸複雜，僅憑自己信賴的親信人士去從事內部稽核工作，已無法順利完成任務。因此，需要透過系統化培訓專業內部稽核人員，從此稽核專業開始發展。

3.1.1 內部稽核緣起

內部稽核專業發展的標準化、科學化、邏輯化，起源於北美地區。美國學者布林克 (Victor Z. Brink) 於 1941 年，出版了世界上第一部內部稽核專書《內部稽核：性質、職能和程式方法》《*Internal Auditing—Nature，Functions and Methods of Procedure*》；由於該著作具備嚴謹的理論架構及實務應用指引，逐漸被世界各國所認可，內部稽核學科從此誕生。同年，約翰．瑟斯頓 (John B. Thurston) 在美國創先成立世界上第一個內部稽核師協會 (Institute of Internal Auditors，IIA)，被尊為「內部稽核師協會 (IIA) 之父」，內部稽核開始成為引人注目的一項專門職業。

國際內部稽核協會（The Institute of Internal Auditors，IIA）成立於 1941 年，是一個國際專業協會，總部設在美國佛羅里達州瑪麗湖。IIA 為內部稽核專業的全球發聲者、公認的權威機構、國際的領導者、主要的專業宣導和教學機構。

1973 年至 1988 年間，擁有「現代內部稽核之父」勞倫斯．索耶 (Lawrence B. Sawyer) 先後出版了《現代內部稽核實務》、《現代內部稽核》、《管理和現代內部稽核》和《內部稽核手冊》等專著，詳細地介紹內部稽核理論、技術、方法、報告、管理和其他事項，提出一套比較完整的內部稽核的理論與實務體系。

3.1.2 國際內部稽核協會

國際內部稽核協會 (IIA) 會員人數增長迅速，從成立最初第一年的 24 個會員增加到 104 個會員；到五年結束時增加到 1018 位會員。至 1957 年，會員人數已擴大到 3700 人，其中 20% 會員來自其他國家。於七十多年後，國際內部稽核協會 (IIA) 是一個充滿活力的全球性組織，擁有超過 200,000 位會員來自世界 100 多個不同的國家。從紐約市 24 位熱心內部稽核專業人士，發展到今天的 IIA 局面，這是需要無私的自願者投入，以及敬業的專業人員；最重要的是，需要有意願使內部稽核成為自豪和傑出的專業人士強力支持。

國際內部稽核協會 (IIA) 在 1947 年，首次制定《內部稽核人員職責說明》《*The Statement of Responsibilities of Internal Auditor*》，對內部稽核及其職責給予定義；1968 年首次頒佈內部稽核人員《職業道德準則》；從 1974 年起，IIA 開始舉辦註冊內部稽核師 (CIA) 資格考試；在 1978 年，制定和頒佈《國際內部稽核執業準則》。由國際內部稽核協會理事會通過，IIA 於 2009 年

1 月發布英語、法語和西班牙語版《國際內部稽核專業實務架構》，《*The International Professional Practices Framework*》（以下簡稱「專業架構」或「IPPF」），發佈的內部稽核定義、《職業道德規範》和《國際內部稽核執業準則》等。自從 2009 年起，《國際內部稽核專業實務架構》以多國語言到世界各國推廣，內部控制與內部稽核逐漸受到各國金融監理機關的重視；我國主管機關也要求上市上櫃公司，要建立與執行內部控制與內部稽核的相關制度。

實戰練習 3–1：內部控制與內部稽核制度

問題分析：在 2004 年 6 月 15 日臺灣上市公司博達科技股份有限公司（以下簡稱博達公司），因面臨無力償還即將到期之海外可轉換公司債，無預警地向法院申請公司重整，從而爆發該公司資金掏空弊案。請問此博達弊案，對我國資本市場的公司有何重大影響？

討論重點：

(1)博達案被懷疑的做假手法，主要是虛增營業收入、假造應收帳款、捏造現金額度、套取公司現金。此案發生時，主管機關還未要求上市公司必須設立內部稽核單位的規定，因此博達公司當時沒有設立內部稽核單位。

(2)博達公司內部控制制度極為不健全，使以董事長為首的博達公司高階主管肆意地擴大公司風險而無人稽核。最終在內部控制和內部稽核都有重大缺失，並且高階主管沆瀣一氣進行舞弊，導致內部控制重大缺陷爆發。

(3)因 2004 年該事件爆發後，臺灣資本市場的主管機關開始嚴格要求上市上櫃公司建立內部控制與內部稽核制度，並全面提高企業內部控制的監督要求。因此，博達案被稱為「臺灣版安隆事件」。

3.2 國際內部稽核專業實務架構

如表 3.1 所示，「2009 年版國際內部稽核專業實務架構」，包括強制性指引與建議性指引兩大類型。強制性指引有四項，包括核心原則、內部稽核定義、《職業道德規範》、《國際內部稽核執業準則》；建議性指引有兩項，分別為實施指引與補充指引。在強制性指引項下，**內部稽核定義**如下：「內部稽核是一種獨立、客觀的確認性和諮詢活動，旨在增加價值和改善機構的營運；其通過應用系統的、規範的方法，評估並改善風險管理、控制和治理過程的效果，促使機構達成其目標。」

▼表 3.1 國際內部稽核專業實務架構（2009 年版）

強制性指引	核心原則
	內部稽核定義
	職業道德規範
	國際內部稽核執業準則
建議性指引	實施指引
	補充指引

有關於國際內部稽核專業實務架構的組織結構及其相關的實施指引，係屬權威性指引且具有時效性、指導性及全球一致性。國際內部稽核實務架構內容是對稽核個人和機構組織，在執行內部稽核工作所應當遵循的約束性準則。

3.2.1 最新版本內容

在 IIA 根據 2016 年 2 至 5 月期間在全球廣泛徵求各界意見，以及 IIA 內部研究和討論，對 IPPF 執行一輪修訂，於 2017 年修訂產生了結構性調整，並對 10 條《職業道德規範》和 17 條《準則》內容進行修訂，如表 3.2 所示。

▼表 3.2 國際內部稽核專業實務架構（2017 年版）

【最新版】2017 版內容		
內部稽核使命		以風險為基礎，提供客觀的確認、建議和洞見，增加和保護組織價值。
強制性指引	內部稽核實務的核心原則	顯現誠信 彰顯勝任能力和應有的職業審慎 保持客觀，並免受不當影響（獨立性） 適應機構的策略、目標和風險 定位適當且資源配置充分 品質和持續改進 有效溝通 提供以風險為基礎的確認性服務 富有見解、積極主動，並具有前瞻性專業意見 促進機構績效改善 闡釋內部稽核有效性，內部稽核職能必須遵循全部核心原則，確保有效性。
	內部稽核定義	內部稽核是一種獨立、客觀的確認性和諮詢活動，旨在增加價值和改善機構的營運；其通過應用系統的、規範的方法，評估並改善風險管理、控制和治理過程的效果，說明機構實現其目標。
	職業道德規範	闡明內部稽核活動的個人和機構所須遵循的原則和行為規範，表明對執業行為規範的最低要求，而不是具體活動。
	國際內部稽核執業準則	《準則》是一系列基於原則的強制性要求，其組成內容包括： 對機構和個人普遍適用，關於內部稽核專業實務及其績效評估核心要求的闡述；對《準則》中所含術語或概念進行說明的釋義。
建議性指引	實施指引	實施指引能夠說明內部稽核人員遵循《內部稽核定義》、《職業道德規範》和《準則》的要求，並推廣良好實務。實施指引主要闡述了內部稽核的工作方式、方法、需要考慮的因素，但不會涉及具體的程式和流程。
	補充指引	補充指引為從事內部稽核工作提供詳細的指引。指引可能針對某類業務、某個行業，其內容包括程式、流程、工具、技術、專案、分步驟推進的方法、範例等。

剖析 2017 年版 IPPF 的內容，可以看出 IIA 在凝聚全球理論及實務之經驗後，對未來內部稽核發展，有下列發展方向：

- 以風險為導向，由具體實務及細枝末節，向嚴密性理論指導及架構邏輯的方向發展；
- 加強內部稽核和企業內部人員與董事會成員的互動和溝通，討論業務包括執行長的策略擴展、業務計畫、業務目標、品質保證、改進報告等，以及增加與董事會的交流；
- 加強對廣義利害關係人的保護，包括內部稽核活動管理、外部評估、對品質保證及改進程式報告等，均涉及廣義利害關係人；
- 內部稽核風險管理的定位向前進展，明確定義內部稽核是「一種獨立、客觀的確認性和諮詢活動」，讓內部稽核更加關注未來的風險，並強化「富有見解、積極主動，並具有前瞻性」內部稽核之專業技能的核心原則。

實戰練習 3-2：強化內部稽核專業知能

問題分析：我國上市上櫃及興櫃公司自 2013 年起，須遵循國際財務報導準則 (IFRSs) 。內部稽核單位主管和查核會計部門的稽核有必要知道，公司因適用國際財務報導準則，而應包括於內部控制制度的相關作業之控制機制與內容為何？

討論重點：

(1)依據內部控制處理準則第 8 條所謂「財務報表編製流程之管理」內容，參考項目包括適用國際財務報導準則之管理、會計專業判斷程序、會計政策與估計變動之流程外，可參考公司整體之營運活動及下列項目：㈠會計項目的建立與維護；㈡交易入帳、過帳及結帳程序；㈢總帳的維護；㈣應計與估計項目的評估與認列；㈤財務報表（含合併報表）

編製（含附註揭露事項）程序；㈥會計公報與原則遴選與運用的程序；㈦會計資訊的保存。

⑵公司設計內部控制制度之前，需要先參考上面所列項目，再訂定「財務報表編製流程之管理」相關內部控制制度。

3.2.2 執業準則架構

內部稽核執業準則包括一**般準則** (Attribute Standards) 及**作業準則** (Performance Standards)，如圖 3.1 所示。一般準則為序號 1000 相關準則，闡明執行內部稽核活動之機構及個人的特性。作業準則為序號 2000 相關準則，敘述內部稽核服務的性質，並提供用以評估內部稽核服務執行情形的品質標準。

《內部稽核執業準則》在宗旨、規模、複雜程度和組織架構不同的機構內部開展，其所涉及的法律和文化環境豐富多樣；而其從業人員既可來自組織內部，亦可來自組織外部。雖然這些差異可能會影響各種不同環境下開展的具體內部稽核實務，但是遵守國際內部稽核協會的《國際內部稽核執業準則》(以下簡稱《準則》)，是內部稽核部門和內部稽核師履行職責的基本要求。

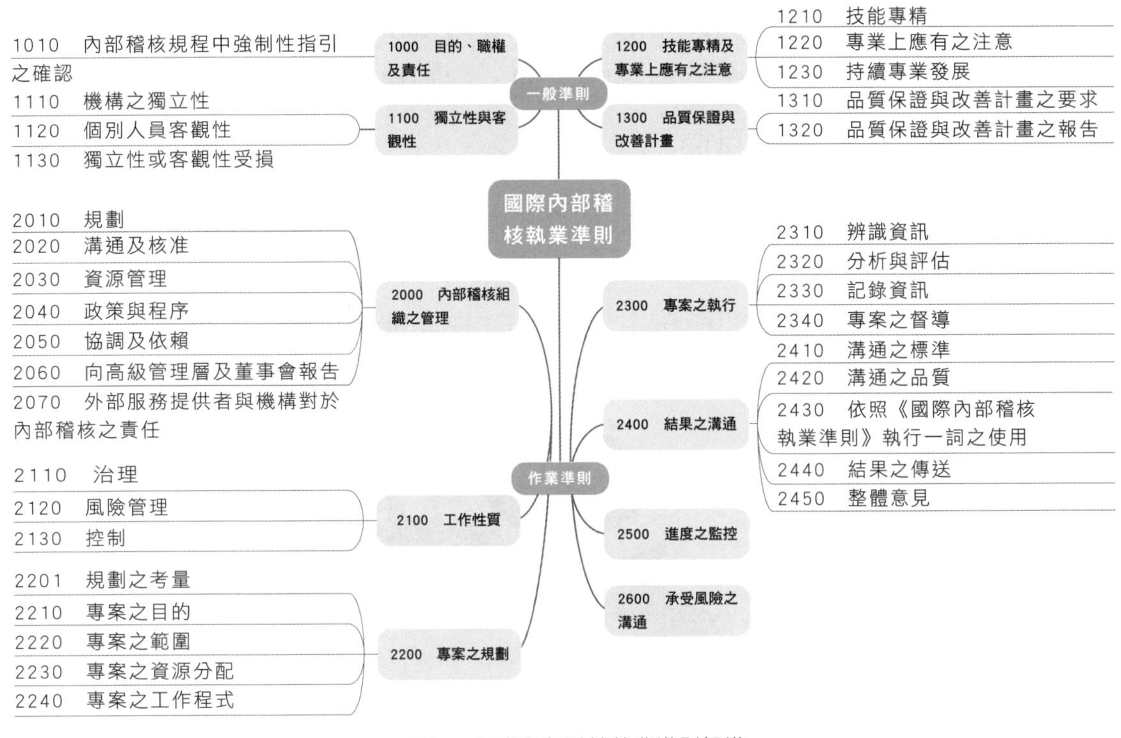

▲圖 3.1 國際內部稽核執業準則架構

3.3 內部稽核規程要素

依據《國際內部稽核執業準則》規定，內部稽核活動須訂立內部稽核規程，如圖 3.2 所示，應包含內部稽核活動之目的、職權及責任，並對 IPPF 之強制性指引做出確認。

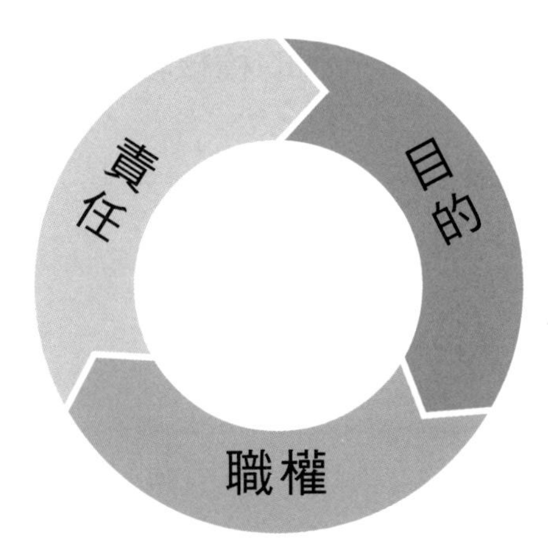

▲圖 3.2 內部稽核規程要素

3.3.1 目的——內部稽核的服務、報告及定位

內部稽核活動的目標，是對風險管理、控制和治理過程進行評估，提高機構的效率，以實現機構目標。

內部稽核規程應明確說明內部稽核單位的機構地位，保證內部稽核單位的獨立性；內部稽核單位的直接報告層級越高，機構獨立性就越強。IIA 的理想報告關係，應當是內部稽核主管 (CAE) 在職能上向審計委員會報告，在行政上向執行長 (CEO) 報告。

如果缺乏機構獨立性，會使內部稽核活動面臨諸多限制，嚴重者將導致內部稽核功能失效，例如高階主管可能會為了自身利益要求取消或延後某些專案查核，或要求刪除某些對其不利的稽核報告內容。

實戰練習 3–3：內部稽核形同虛設

問題分析：日本「奧林巴斯案」延續 20 年造假金額高達 18 億美金的財務騙局，於 2011 年首次公開承認財務造假，為日本歷史上最嚴重的會計醜聞之一。奧林巴斯的董事會被內部人員操控，獨立董事僅占 20% 董事會席位且沒有話語權，內部稽核功能嚴重失效且淪為被管理階層操縱的工具。請問該公司的內部稽核單位功能為何？

討論重點：

⑴該公司的內部稽核部門形同虛設，失去了機構獨立性，無法有效地執行稽核活動。

⑵內部稽核部門未能提高組織效率，也無法把實現組織目標作為稽核工作目的。

3.3.2 職權——擁有達到稽核目標所需要的資源

內部稽核規程應當明確授權內部稽核單位，能夠全面、自由、不受限制地接觸，與專案執行有關的各種記錄、人員及實體財產。即使內部稽核單位已經取得足夠的機構地位，若沒有被授予適當的職權，受查單位仍有可能拒絕稽核人員提出的查看有關記錄的要求，尤其是擁有敏感資訊的部門。因此，較好的作法是，在內部稽核規程中，對稽核所需資源作出原則的授權；在規劃年度工作時，將專案計畫與詳細的資源需求，報送高階主管和董事會審核。

此外，內部稽核規程還應賦予內部稽核主管，可以直接、無限制的與高階主管和董事會接觸的權力。報告的頻率和內容，由內部稽核主管、高階主管、董事會協商後確定；並取決於報告資訊的重要性，以及和需要董事會成員或高階主管採取相關行動的緊迫程度。如果管理階層有任何對於稽核範圍和稽核結果報告的不當限制，都應告知董事會，因為這些將會嚴重損害內部稽核的獨立性。

3.3.3 責任——界定內部稽核業務之範圍

在內部稽核規程中，對內部稽核的範圍進行界定，有利於減少內部稽核單位與受查單位的意見分歧，且可提高工作效率。在理想狀況下，內部稽核的查核範圍是機構所有的經營活動；但是，實務中可能基於各方面考慮，而限制對某些領域的禁行稽核。內部稽核的查核範圍不當，也有可能造成內部稽核失效。如圖 3.3 所示，包括對各類確認性業務和諮詢性業務作出規定；例如對被稽核的實體機構範圍作出規定，明確闡明內部稽核部門與外部審計、監督機構間的職責分工，明確後續追蹤的責任等等。

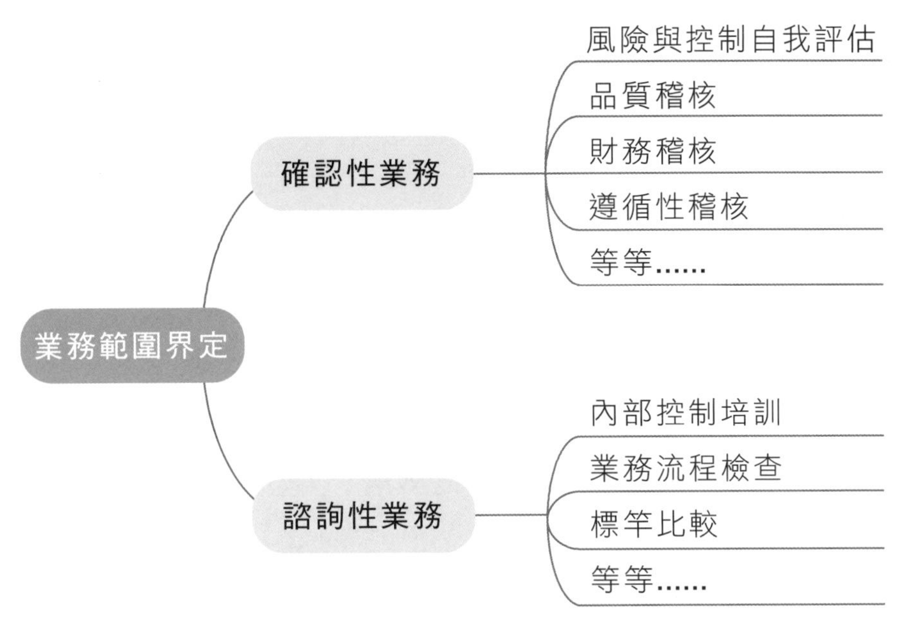

▲圖 3.3 稽核業務界定範圍

3.3.4 內部稽核規程的審核

內部稽核規程之內容，應當經過高階主管和董事會審核通過，並最終由董事會（審計委員會）核准通過後才能生效。這表明董事會和高階主管，對內部稽核活動的理解和支持；例如，當某項內部稽核業務受到質疑時，經核准過的內部稽核規程就是最好的證明。

稽核規程並非一成不變，內部稽核主管須定期檢討規程，及時新增、刪除、調整有關內容，確保內部稽核業務與時俱進，符合企業管理需求和發展方向。內部稽核是為企業而服務，最終目標是為增加企業價值，因此內部稽核主管應當與董事會和高階主管保持聯絡，確保內部稽核與企業目標定位一致，將企業目標轉化為內部稽核的具體目的、職權和責任，落實到書面文件，即內部稽核規程；該規程經高階主管、董事會核准後，作為內部稽核工作開展的指引。

課後自我評量

選擇題

1. 有關內部稽核定義，請問下面哪一項敘述不正確？
 (A)內部稽核是獨立、客觀之確認性、諮詢性服務
 (B)內部稽核旨在增加價值及改善機構營運
 (C)內部稽核透過應用系統及規範之方法以促進機構改善
 (D)內部稽核評估控制環境並監督作業之效果，以達成機構目標

2. 請問下列敘述哪一個正確？
 (A)實施準則為一般準則及作業準則之延伸，適用於確認性或諮詢服務的規定
 (B)作業準則為一般準則及實施準則之延伸，提供於確認性或諮詢服務的規定
 (C)應用準則系屬一般準則及作業準則之延伸，適用於確認性或諮詢服務的規定
 (D)一般準則是應用在實施準則及作業準則，提供於確認性或諮詢服務的規定

3. 為維護內部稽核單位的獨立性，請問內部稽核單位的職權是由誰所核准後授予實施？
 (A)會計長
 (B)經營委員會
 (C)董事會
 (D)營運長

4. 內部稽核規程是主要影響內部稽核單位獨立性的重要因素之一，下列何者最不可能是該規程的部分內容？
 (A)接觸組織內記錄的限制
 (B)內部稽核的稽核業務範圍
 (C)內部稽核主管的個人任期長短
 (D)接觸組織內的人員

5. 下列哪項不是內部稽核人員的職責？
(A)設計並落實恰當的控制措施
(B)發現對存貨內部控制的缺陷
(C)研究影響經營活動的市場因素
(D)評價公司政策執行的有效性

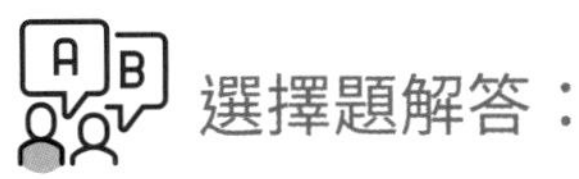

選擇題解答：

1. 答案(D)。依據內部稽核定義，(D)的答案應改為「評估及改善風險管理、控制及治理過程之效果，以達成機構目標」。
2. 答案(A)。實施準則系屬一般準則及作業準則之延伸，適用於確認性（Assurance，簡稱 A）或諮詢（Consulting，簡稱 C）服務。
3. 答案(C)。內部稽核單位之目的、職權及責任，必須明訂於內部稽核規程；內部稽核主管須定期檢討內部稽核規程，並將其呈報高階主管及董事會核准通過。
4. 答案(C)。內部稽核主管個人任期長短是董事會的決策事項，不應是內部稽核規程的內容項目。
5. 答案(A)。制定落實相應的管控措施，是管理層的職責。

問答題

1. 臺灣上市公司博達科技股份有限公司（以下簡稱博達公司），因面臨無力償還即將到期之海外可轉換公司債，無預警地向法院申請公司重整，從而爆發該公司資金掏空弊案。請問此博達弊案，對我國資本市場的公司有何重大影響？

2. 我國上市上櫃及興櫃公司，自 2013 年起須適用國際財務報導準則 (IFRSs)。內部稽核單位主管和查核會計部門的稽核有必要知道 ， 公司因適用國際財務報導準則，而應包括於內部控制制度的相關作業之控制與內容為何？
（參考 101 年公務人員高等考試三級考試試題改編）

3. 日本「奧林巴斯案」延續 20 年造假金額高達 18 億美金的財務騙局，為日本歷史上最嚴重的會計醜聞之一。奧林巴斯的董事會被內部人員操控，獨立董事僅占 20% 董事會席位且沒有話語權，內部稽核功能嚴重失效且淪為被管理階層操縱的工具。請問該公司的內部稽核單位功能為何？

問答題解答：每一題請參考實戰練習 (3–1) 至 (3–3) 的說明。

第4章

內部稽核的特性

第4章 內部稽核的特性

學習目標：

1. 獨立性與客觀性
2. 獨立性或客觀性受損
3. 稽核工作之執行

對於內部稽核單位及內部稽核人員，保持獨立性與客觀性十分重要。內部稽核單位之獨立性，有助於稽核人員在執行業務時具備權威性；內部稽核人員到公司各單位去進行稽核、分析和評估，可有效防範企業各項業務之風險。內部稽核人員保持客觀性有助於發揮內部稽核之功能，以客觀公正的態度對業務進行評估，是內部稽核工作成果真實性之重要保證。內部稽核透過獨立、客觀之稽核活動，可以為企業增加營運效率，有助實現機構目標。

4.1 獨立性與客觀性

內部稽核單位必須具有超然獨立地位，內部稽核人員執行業務應該保持客觀態度；這是內部稽核專業的重要規範，且在很多國家都具有法令強制性。如果獨立性或客觀性在實質上或形式上受損時，必須適當揭露受損情形，因為獨立性和客觀性是內部稽核的重要內在價值和根本基礎。

4.1.1 稽核單位之獨立性

獨立性是指內部稽核在不受任何影響、控制或威脅的狀況下，內部稽核可實際執行稽核工作。為有效達到機構之獨立性，內部稽核單位主管應該直接向機構最有權力的單位（董事會）報告，保證內部稽核單位獨立性。針對上市上櫃或公開發行公司而言，內部稽核主管定期向董事會確認內部稽核單位在機構內之獨立性；因此，內部稽核主管在職能直接向董事會報告，才算有效實現機構獨立性。

公司的內部稽核規程中，明確規定稽核單位具有獨立性，也說明內部稽核目的、權力及具體實施專案等內容。同時，要求稽核單位應向審計委員會提交次年度稽核業務規劃；並在稽核報告完成後的適當時間，向審計委員會提交前一年度稽核報告。

實戰練習 4-1：內部稽核單位隸屬董事會

問題分析：上市上櫃公司展現良好公司治理，內部稽核單位必須具有超然獨立地位。請列舉三個案例，說明公司展現內部稽核單位之獨立性。

討論重點：

(1)在內部稽核規程明訂，公司設立的內部稽核單位，直接隸屬董事會；內部稽核單位應配置專任稽核主管與稽核人員。

(2)內部稽核規程確定內部稽核應覆核公司作業程式的內部控制，並向審計委員會和董事會報告，該等控制之設計及執行來檢視實際日常運作是否適當及兼顧效果與效率，其覆核範圍涵蓋公司所有單位、作業及子公司。

(3)內部稽核依據已辨識之風險，視需要執行稽核或覆核項目，擬定年度稽核計畫，並提交至董事會審核。內部稽核將執行的工作結果，除在董事會例行會議報告外；每季向董事長、審計委員會及功能性委員會報告。

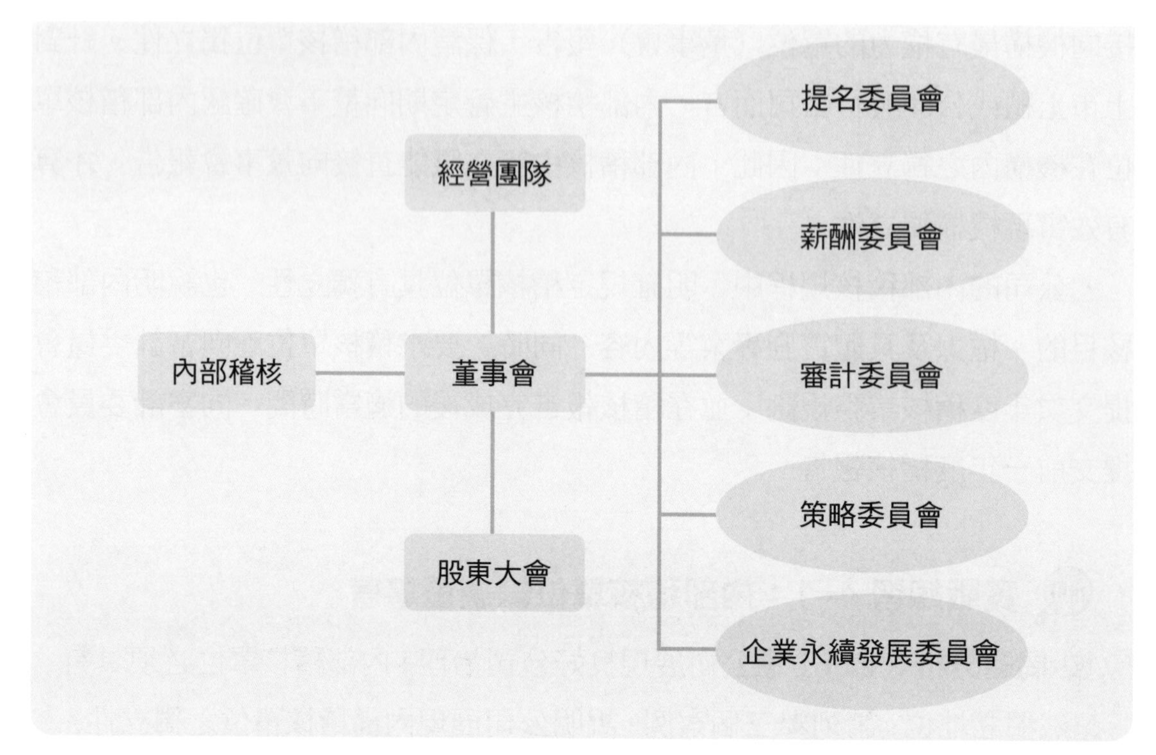

為有效促進機構之獨立性，董事會須履行一定的職能，包括核准內部稽核規程、批准內部稽核年度規劃、確定內部稽核範圍等。在日常營運中，內部稽核主管可以透過定期參與董事會舉辦的關於稽核、財務報告、機構治理和控制系統等監督職責的會議，來獲取經營策略資訊。

為保證內部稽核人員不受任何來自外界的干擾，內部稽核單位必須有專職的稽核人員，不應由其他功能單位（如財會人員）兼職。同時，內部稽核人員不應兼辦機構的經濟業務，更不能直接參與各部門之營運活動。實務中，稽核單位保持超然的獨立性有助於執行業務時不受影響，甚至可能對促使達成機構目標有所貢獻。

實戰練習 4–2：稽核單位之獨立性

問題分析：為有效達到機構之獨立性，內部稽核主管應該直接向機構最有權力的單位（董事會）報告，保證內部稽核單位獨立性。請列舉二項明確作法，以表示公司董事會重視內部稽核單位之獨立性。

討論重點：

(1)公司內部稽核規程中，明確規定稽核單位具有獨立性，也明確規定內部稽核之目的、職權及責任等項目。

(2)要求稽核單位應在會計年度結束的兩個月前，向審計委員會提交年度稽核業務規劃；並在會計年度結束後的兩個月，稽核單位向審計委員會提交稽核報告。

4.1.2 稽核主管之額外角色

有些公司的內部稽核主管，可能被要求承擔非內部稽核職能之額外角色，例如兼任風險管理業務之責任；但是，這些額外角色或責任可能在形式上損害內部稽核單位在機構中之獨立性，公司董事會成員不能不注意。

為避免內部稽核單位之獨立性被損害，內部稽核主管具有或被期待承擔內部稽核以外之角色或責任時，公司必須具有減少內部稽核之獨立性或客觀性受損的相關保護配套機制。關於保護配套機制，主要由董事會採取督導作業，以處理可能的損害；並定期評估報告體系，以及制定替代之流程，藉以確認內部稽核單位之獨立性。

實戰練習 4–3：稽核主管兼任額外角色

問題分析：南方海運（集團）公司一個區域小型子公司，因為人手不足且業務單純，該子公司的財務主管同時兼任同一子公司內部稽核主管。請問這種情況有那些問題可能發生？

討論重點：

(1)財務主管兼任同一單位的稽核主管，嚴重違背內部稽核單位的獨立性原則，也成為財務舞弊行為發生的重要原因之一。

(2)該子公司財務人員可能虛報費用、虛開發票等造假手段，為脫逃隱藏資金埋下隱患；然而，總公司的內部稽核部門不容易查出這類的舞弊案件。

4.1.3 稽核人員之客觀性

利益衝突很容易會影響內部稽核人員的專業判斷，更會損及其客觀性。內部稽核人員在執行業務時須保持客觀性，必須秉持公正無私之態度，避免任何利益衝突。從宏觀層面看，利益衝突將削弱內部稽核個人甚至整個內部稽核職業的信心，進而導致外界對稽核專業不信任危機，可能造成嚴重後果。為避免出現潛在或實際利益衝突和偏見之情況，公司在可行的情況下，內部稽核主管須定期輪換內部稽核人員之業務。

4.2 獨立性或客觀性受損

公司財務部門若沒有履行控管的機制，可能成為管理當局造假好幫手；再者，如果內部稽核單位缺乏獨立性，內部稽核人員又沒有保持應有的客觀性，更會促成公司嚴重財務造假的弊端發生。

4.2.1 受損情形分析

對機構獨立性和個別人員客觀性損害之情形，包括但不限於下列項目：⑴稽核範圍受限；⑵個人利益衝突；⑶限制稽核人員接觸記錄／人員／實物資產；⑷經費等資源受到約束等。

為確保在當前或未來執行業務時，內部稽核人員之客觀性不受損害，內部稽核人員不應接受公司員工、客戶、供應商或業務夥伴的酬金、饋贈和款待。如果有人以稽核單位之地位和業務之重要性為由，提供大額酬金或貴重禮物時（一般公眾能得到的物品或價值極小的宣傳物品除外），內部稽核人員應立即向上級單位報告。

在執行確認性服務時，內部稽核人員對其過去負責之特定業務必須回避；即使臨時調用或聘用制人員，必須離開原崗位至少一年後，才能參與稽核過去負責單位之營運業務。

實戰練習 4-4：獨立性或客觀性受損

問題分析：一家公開發行公司的稽核專員張小明，最近被指派到東南亞分公司的業務部門，進行專案稽查。然而，稽核專員張小明一到該分公司，當地業務部門經理熱情接待他，該經理甚至提出要邀請張小明，前往私人招待所提供免費住宿與餐飲招待。請問稽核專員張小明應該如何做才正確？

討論重點：

⑴為維護內部稽核單位之獨立性與內部稽核單位之客觀性，稽核專員張小明不能接受東南亞分公司業務部門經理的私人招待，應立即謝絕此招待的邀請。

⑵如果東南亞分公司的業務部門經理再表示要贈送貴重禮物，稽核專員張小明應立即向上級單位報告。

4.2.2 受損訊息揭露

內部稽核主管應以書面形式，與董事會溝通稽核受限之影響；並且清楚地表達，如果稽核範圍受限，將阻礙內部稽核單位完成稽核業務目標和規劃。

按照《內部稽核執業準則》規定，稽核報告應說明下列項目：⑴稽核人員在稽核專案中的責任；⑵稽核人員在稽核工作中的重要性；⑶稽核人員與被稽核專案中相關人員的關係等項目，進行清楚的揭露。內部稽核人員如果認為，面臨損害擬開展諮詢業務之獨立性或客觀性時，應在接受該業務或專案之前，向客戶揭露相關訊息。

獨立性或客觀性如有形式上或實質上受損時，須向適當對象揭露，揭露之性質視受損情形而定。內部稽核單位獨立性及個人客觀性之受損可能包含（但不侷限於）個人利害衝突、範圍限制、資源受限（例如經費），以及對於紀錄、人員及財產接觸之限制。

4.3 稽核工作之執行

內部稽核人員須具備執行其個別職責所需之知識、技能及其他能力，來執行稽核工作。內部稽核人員於查核時須合理謹慎並盡專業上應有之注意。盡專業上應有之注意，並非意指完全無錯誤或失敗。此外，內部稽核人員須持續其專業發展進修，以增進知識、技能及其他能力。

4.3.1 技能專精與應有注意

「知識、技能及其他能力」包含考量目前業務、發展趨勢及新興議題三個層面，以便提供決策者攸關之諮詢意見與建議。內部稽核人員需取得適當之專業證照資格，例如國際內部稽核協會所提供之內部稽核師或其他與內部稽核相關的專業證照。

內部稽核人員都應該具備一定的稽核專業知識、技能和其他能力，包括精通內部稽核的工作程式、技術，熟悉會計準則，理解管理原則，並具備辨識舞弊風險的知識；對會計學、經濟學、商業會計法、稅法、公司法、金融相關知識、量化方法、資訊技術等基本內容有一定的瞭解。內部稽核人員還需具備敏銳的分析能力和準確的判斷能力，及建立良好人際關係的意識和能力。

為善盡專業上應有之注意，內部稽核人員執行確認性專案時，須考量下列事項：⑴達成專案目的所需工作之程度或範圍；⑵所涉及事項之相對複雜性、重大性或重要性；(3)治理、風險管理及控制過程之適足性與有效性；(4)重大錯誤、舞弊或未遵循之可能性。此外，內部稽核人員對可能影響機構目標、營運或資源之重大風險，須保持警覺。縱使已善盡專業上應有之注意，確認性程序之執行仍不能保證辨識所有重大風險。

稽核主管在招聘稽核人員時，應在充分考慮工作範圍和責任層級的前提下，確定各個職位所需的教育程度、專業能力及工作經驗要求。通常，稽核主管應優先錄用具備專業證照（如會計師-CPA/ 內部稽核師-CIA）的人員；應鼓勵內部稽核人員在工作之餘通過學習，獲取適當的專業資格證書。稽核主管還應重視機構專業化培訓計畫，提升整體專業能力。

內部稽核人員須具備執行其個別職責所需之知識、技能及其他能力。內部稽核人員欠缺執行確認性專案所需之知識、技能或其他能力時，內部稽核主管須取得適切之專業建議及協助。內部稽核人員須具備足以評估舞弊風險及機構如何管理舞弊風險之知識；但是，內部稽核人員無須具備與主要負責舞弊偵測及調查者相當之專精能力。

內部稽核人員須充分瞭解資訊科技之主要風險與控制，與以科技為基礎之可用稽核技術，俾執行其被指派之工作。但是並非所有內部稽核人員皆應具備與主要負責資訊科技稽核者相當之專精能力。

4.3.2 專業審慎與持續進修

職業審慎意謂內部稽核人員在複雜的環境中，能運用自己的專業知識和技能，可辨識別出損害組織利益的行為；並且，對故意做假犯錯、發生錯誤和遺漏、消極怠工、浪費、工作無效率、利益衝突和不正當的行為，以及最可能發生違法亂紀現象的情形等活動，保持高度警覺性。同時，還應該辨認控制不夠充分的領域，提出促進遵守可接受程式和實務的改進建議。

基於應有的職業審慎，要求內部稽核人員在合理程度上，展開檢查和驗證工作。但是，不要求對所有交易進行詳細檢查；亦即，不能絕對保證組織機構不存在任何不遵守規定或違法亂紀現象。如圖 4.1 所示，執行確認性專案時，須考慮五個方面的事項：(1)達成專案目的所須工作之程度或範圍；(2)所涉及事項之相對複雜性、重大性或重要性；(3)治理、風險管理及控制過程之充分與有效；(4)重大錯誤、舞弊或未遵循之可能性；(5)專案成本與潛在效益之關係。

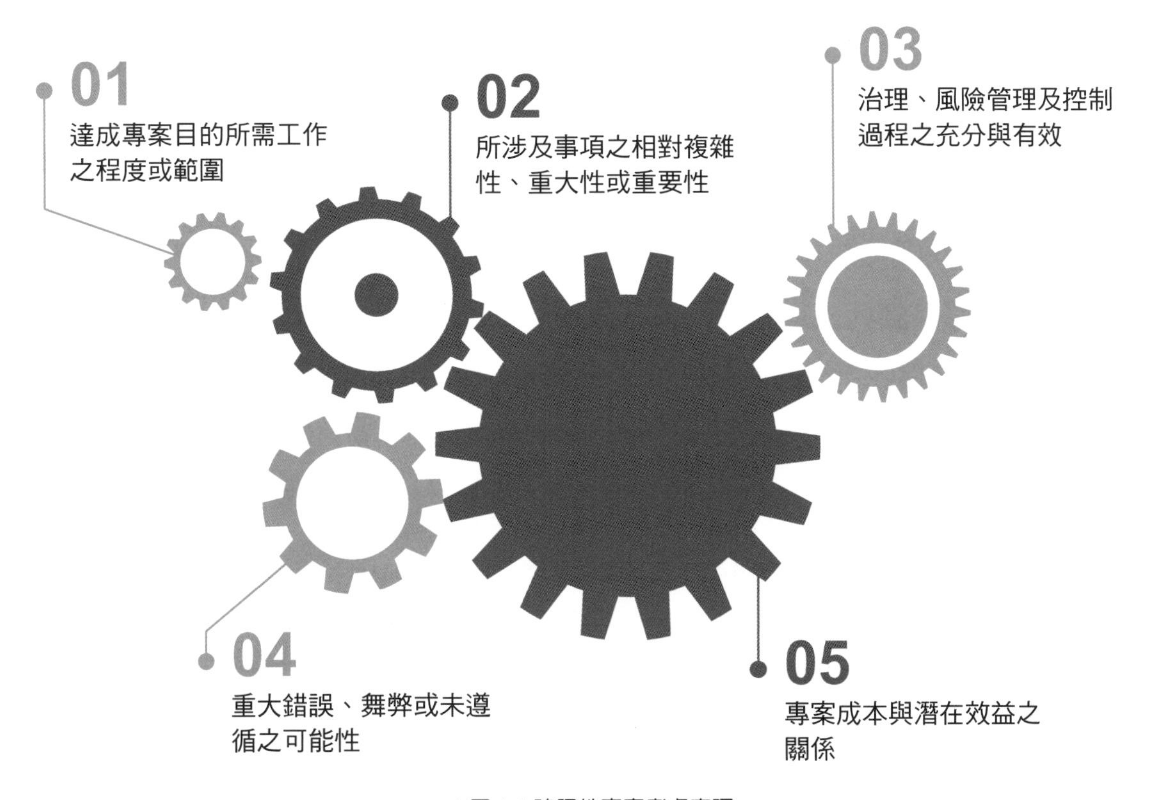
01
達成專案目的所需工作
之程度或範圍
02
所涉及事項之相對複雜
性、重大性或重要性
03
治理、風險管理及控制
過程之充分與有效
04
重大錯誤、舞弊或未遵
循之可能性
05
專案成本與潛在效益之
關係

▲圖 4.1 確認性專案考慮事項

公司內部稽核部門在稽核方法，不能只是人工操作，不建立數位的稽核資訊化系統；並且，內部稽核提供的服務不能依然是財務收支和內部控制方面的檢查，未能達到公司治理層面所要求的監督功能。內部稽核工作模式應該與時俱進，配合公司的人工智慧、物聯網、大數據等新業務，來發展新的查核技術。如此，內部稽核才能在數位時代，扮演好確認性和諮詢性的稽核專業服務。

實戰練習 4–5：內部稽核持續進修

問題分析：真相公司內部稽核團隊缺乏精通稽核業務軟體的專業人才，並且稽核主管的思路及方法過於傳統，內部稽核團隊未能根據公司業務變化持續其專業發展，所以導致無法及時發現新增業務領域存在的風險或舞弊，更無法有效發揮應有的管理及監督職能。請問真相公司內部稽核團隊應如何強化其專業能力？

討論重點：

(1)該公司應該定期安排內部稽核人員參加資訊科技應用訓練課程，並聘請資訊專家到內部稽核單位，進行新系統上線實作培訓。

(2)加強對內部稽核人員專業新技能考核，以提高內部稽核人員專業水準。

若要保證稽核工作能為機構帶來應有的價值，以及內部稽核業務發揮功效，內部稽核主管應注重選拔、培養一支專業勝任能力較強的稽核隊伍；同時，應注重培養稽核人員的專業判斷能力，確保能準確、及時識別可能影響組織目標、營運或資源的重大風險。強化稽核人員的專業勝任能力，最好要求相關人員定期和不定期持續專業進修，來增加稽核單位整體專業實力。

課後自我評量

選擇題

1. 有關內部稽核單位獨立性，應有下列哪一個特性？
   (A)稽核主管對人力的配置與督導
   (B)要求內部稽核人員要持續專業發展與善盡專業上應有之注意
   (C)強化人際關係溝通
   (D)在機構具有獨立地位

2. 讓內部稽核單位最可能維持獨立性，完成其職責的組織架構，係指內部稽核主管向誰報告？
   (A)行政性報告向董事會，功能性報告向執行長 (CEO)
   (B)行政性報告向會計長，功能性報告向執行長
   (C)行政性報告向執行長，功能性報告向董事會
   (D)行政性報告向執行長，功能性報告向外部審計人員

3. 請問下列哪一項情況，內部稽核人員最可能損及其客觀性？
   (A)承接一個確認性服務工作，但內部稽核人員在一個月前才從該受查部門調職到稽核部門
   (B)由於預算限制，導致稽核項目範圍之減少
   (C)參與一個工作小組，針對新配銷系統管控制度，提出考核標準之建議
   (D)在實際執行稽核工作之前，曾覆核受查部門的一個採購契約草稿

4. 請問下列哪一項情況最不可能加強內部稽核單位的獨立性？
   (A)內部稽核部門已制定正式的書面章程
   (B)向董事會提交年度稽核工作計畫
   (C)與董事會建立直接報告關係
   (D)獲得充分資金來源，落實全面稽核方案

5. 各種稽核活動的客觀性程度不同，以下哪種稽核活動的客觀性最強？
(A)對公司加班政策的合規性稽核
(B)對人事部門雇傭和解雇活動的經營性稽核
(C)對市場部的績效稽核
(D)薪資程式的財務控制稽核

6. 內部稽核單位整體所須具備的能力，包括認識下列哪一項？
(A)內部稽核程式及技術
(B)會計原則及技術
(C)生產原則
(D)科技應用

7. 何謂內部稽核人員的專業上應有之注意？
(A)採行合理謹慎及適任之內部稽核人員所應有之注意及技能
(B)意指完全無錯誤或失敗
(C)查出所有重大錯誤或舞弊情事
(D)與人相處溝通

8. 有關專業上應有之注意，請問下列哪一項敘述正確？
(A)詳細複核某一特定功能的所有交易
(B)已知內部控制制度係屬薄弱時，仍有超凡的績效且毫無錯誤
(C)在每個專案執行期間，考量重大違規的可能性
(D)詳細測試，用以絕對保證沒有任何未遵循事項存在

9. 雖然內部稽核主管指出某安全部門之潛在舞弊，但直到兩年後部門經理才發現該嫌犯對公司的持續貪瀆行為。在兩年前稽核主管應作下列何種處理？
(A)稽核主管之處理方式是正確的
(B)稽核主管應定期檢查安全部門該案件之狀況
(C)稽核主管應對該案件進行調查
(D)稽核主管應開除該嫌疑犯

10. 內部稽核執業準則要求稽核人員需具備何種執行稽核工作之知識及技能？
 (A)精通於運用稽核準則及程序之知識於一些特殊的情況，而不需依賴太多技術上之研究及協助
 (B)對特殊或潛在問題，精通運用會計及資訊系統知識
 (C)瞭解如何支持及撰寫稽核發現之廣泛技能，及具備於任何查核情況下，研究適切之查核程序的能力
 (D)於查核公司財務記錄及報告時，具備對會計原則及實務之廣泛了解

選擇題解答：

1. 答案(D)。內部稽核單位的獨立性與內部稽核人員的客觀性，讓內部稽核在執行稽核專案時，提供公正且無偏差之專業判斷。
2. 答案(C)。行政性報告向組織執行長，功能性報告向董事會，可促進內部稽核的獨立性。
3. 答案(A)。由於內部稽核人員須避免任何利害衝突，在此情況不能承接一個確認性服務工作，因為內部稽核人員剛從該受查部門調職到稽核部門。
4. 答案(D)。「制定章程、向董事會直接報告並提交年度稽核計畫」都是保證內部稽核單位獨立性推薦做法，相比「獲得充分資金來源，落實全面稽核方案」不符合組織成本效益原則，所以最不可能加強內部稽核單位的獨立性。
5. 答案(A)。由於(A)重視客觀證據，並且有明確而清晰的判斷標準，不需要過多的主管判斷，因而客觀性最強。(B) / (C) / (D)均需要更多的主管判斷，因而客觀性較弱。
6. 答案(B)。認識係指有能力辨識問題或潛在問題之存在，並辨識應進行的相關研究或應取得的協助。內部稽核人員須認識不同主題的基本概念，例如會計、經濟、商事法、稅務、財務、數量方法、舞弊、風險管理，以及資訊科技等。
7. 答案(A)。內部稽核人員須採行合理謹慎及適任之專業人員所應有之注意及技能。盡專業上應有之注意，並非意指完全無錯誤或失敗。
8. 答案(C)。應有之注意係指合理的注意及適任，而非毫無錯誤或超乎尋常的表現。亦即，專業上應有之注意要求內部稽核人員在合理的程度上，進行檢查及驗證。因此，執行內部稽核工作時，應考量重大不當情事或違規之可能性。

9. 答案(B)。(A)因發現潛在舞弊事件，且尚未確定，因此須持續觀察該事件是否真實存在舞弊之情事。縱使已善盡專業上應有之注意，確認性程序之執行仍不能保證辨識所有重大風險。(C)因未確定存在舞弊事件，故尚無須對此展開調查，須先與相關部門主管溝通該等情事。(D)協助管理階層建立或改善風險管理過程時，內部稽核人員須避免實際管理風險，而承擔管理階層之責任。
10. 答案(A)。具備何種執行稽核工作之知識及技能，錯誤答案：(B)不須精通。(C)廣泛。(D)廣泛。

問答題

1. 上市上櫃公司展現良好公司治理，內部稽核單位必須具有超然獨立地位。請列舉三個案例，說明公司展現內部稽核單位之獨立性。

2. 為有效達到機構之獨立性 ， 內部稽核主管應該直接向機構最有權力的董事會報告，保證內部稽核單位獨立性。請列舉二項明確作法，以表示公司董事會重視內部稽核單位之獨立性。

3. 南方海運（集團）公司一個地區子公司，因為人手不足且業務單純，該子公司的財務主管同時兼任同一子公司內部稽核主管 。 請問這種情況有那些問題可能發生？

4. 一家公開發行公司的稽核專員張小明，最近被指派到東南亞分公司的業務部門，進行專案稽查。然而，稽核專員張小明一到該分公司，當地業務部門經理熱情接待他 ， 該經理甚至提出要邀請張小明 ， 前往私人招待所提供免費住宿與餐飲招待。請問稽核專員張小明應該如何做才正確？

（參考 103 年公務人員高等考試三級考試試題改編）

5. 真相公司內部稽核團隊缺乏精通稽核業務軟體的專業人才，並且稽核主管的思路及方法過於傳統，內部稽核團隊未能根據公司業務變化持續其專業發展，所以導致無法及時發現新增業務領域存在的風險或舞弊，更無法有效發揮應有的管理及監督職能。請問真相公司內部稽核團隊應如何強化其專業能力？

問答題解答：每一題請參考實戰練習 **(4–1)** 至 **(4–5)** 的說明。

第5章

品質保證與稽核單位管理

5.1 內部評核

5.2 外部評核

5.3 稽核單位之管理

第5章　品質保證與稽核單位管理

學習目標：

1. **內部評核**
2. **外部評核**
3. **稽核單位之管理**

為確保稽核單位整體績效與品質水準，內部稽核主管應建立一套涵蓋內部稽核所有工作的品質保證與改善計畫，用以評估內稽活動對法令規定之遵循、內部稽核人員對《職業道德規範》之遵守、稽核作業的效率和效果，以及辨識品質改善的機會。針對品質保證與改善計畫的評核，可分為內部評核與外部評核，如圖 5.1 所示。

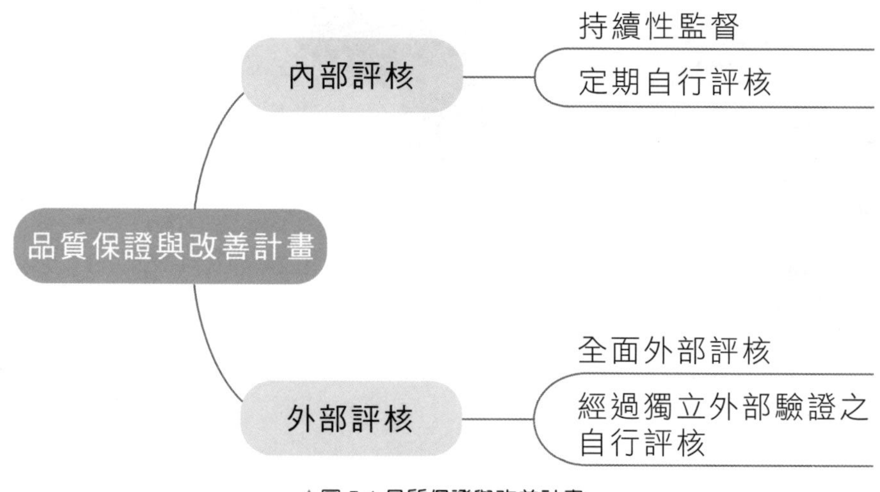

▲圖 5.1 品質保證與改善計畫

5.1 內部評核

公開發行公司自行評估內部控制制度之目的，在落實公司自我監督的機制、及時因應環境的改變，以調整內部控制制度之設計及執行，並提昇內部稽核部門的稽核品質及效率；其自行評估之範圍，應涵蓋公司各類內部控制制度之設計及執行。

公開發行公司應注意相關法令規章遵循事項，並依風險評估結果，決定前項自行評估作業程序及方法，並至少包含下列項目：⑴確定應進行測試之控制作業；⑵確認應納入自行評估之營運單位；⑶評估各項控制作業設計之有效性；⑷評估各項控制作業執行之有效性。

5.1.1 持續性監督

內部稽核的持續性監督貫穿內部稽核專案的全部過程，在事前、事中、事後都要進行品質控制。

「**事前品質控制**」主要由內部稽核主管負責，在稽核項目展開之前，就應當有明確指示，包括制定稽核標準程式、對內部稽核人員進行培訓、在專案計畫階段進行指導、應用統一的方法和工具等。

「**事中品質控制**」主要由專案經理、高級稽核人員負責，包括對稽核人員的工作內容、個人行為進行監督，對底稿、證據及結論進行覆核，確保每位稽核人員的工作都符合企業內部稽核標準。由於稽核工作需仰賴高度的專業判斷，面對相同的問題，不同的稽核人員可能會有不同的理解。因此，事中覆核的目的是為減少人為主觀差異，以保證品質一致性。

「**事後品質控制**」是在專案結束後，對特定稽核專案的過程和結果進行評估，可由內部稽核主管、品質保證部門、受查單位等相關單位執行，促使專案執行人不斷改善績效。評核標準應當事先確定，對同類型專案使用同一套標準，保證評核過程和結果的公平、客觀。

實戰練習 5-1：內部稽核持續性監督

問題分析：大地製藥股份有限公司的內部稽核品質低落，因為內部稽核人員多數是從財務部門抽調過來，許多人並不具備內部稽核相關背景專業知識，也未接受適當的初任稽核或職前培訓。此外，專案覆核制度又十分簡單，僅檢查底稿是否簽字、要素填寫是否齊全等項目；品質監督方面，檢查標準只是停留在形式方面，缺少對稽核品質的實質性覆核。在品質保證程式的事前、事中、事後各環節，請說明大地公司是否有不全之處？

討論重點：

大地公司的品質保證程式，在事前、事中、事後各環節都有不全之處。各項問題分別敘述如下：

(1)事前品質控制：內部稽核人員不具備內部稽核相關背景專業知識，也未接受適當的初任稽核或職前培訓。

(2)事中品質控制：大地公司的內部稽核規程不完善，標準化程度低，內部稽核人員未能有標準作業模式可供遵循。

(3)事後品質控制：檢查標準只是停留在形式方面，缺少對稽核品質的實質性覆核。

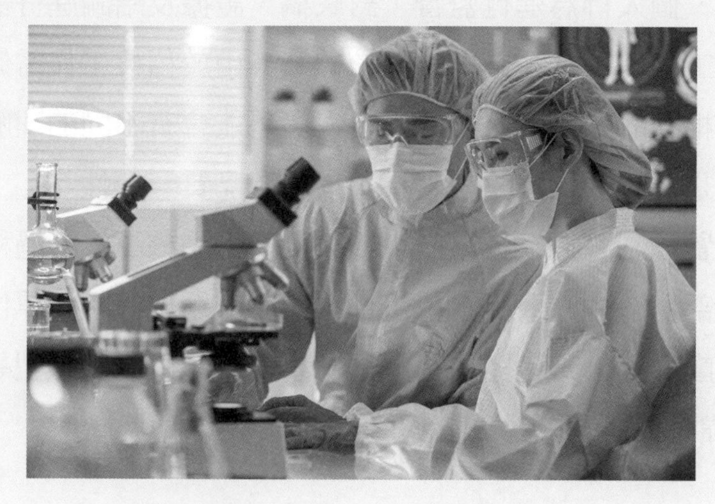

5.1.2 內部定期評核

內部定期評核係指定期檢視內部稽核工作，對法令準則和職業道德規範的遵循情形，展開全面的自我內部評核工作；具體方式包括由內部稽核主管進行業務抽查，同時對內部稽核人員的誠信、客觀、保密、勝任情況進行盤查，以及不同專案組之間交叉檢核底稿。基本上，對稽核部門與稽核人員的關鍵績效指標 (KPI) 進行考核。

由於自我內部評核的客觀性、獨立性皆可能不足，內部稽核主管應對自我評核過程加強督導，以提昇評估結果的有效性。對於大型內部稽核部門來說，公司還可以設立專門的品質評核部門，履行內部評核職責。

有些公司內部定期評核執行良好，規範內部稽核人員的任職要求，促進稽核職能專業化，設立內部稽核專家庫，有效地提升內部稽核部門的勝任能力。再者，實行內部稽核部門工作考核、稽核專案品質考核、內部稽核人員工績效考核的三層考核機制；推行審理退回制度，嚴格控管稽核工作底稿的品質；並通過內部稽核專案追責制，督促內部稽核人員提升專案查核品質。

5.2 外部評核

外部評核應當至少每五年進行一次，包括兩種方式：⑴全面外部評核；⑵內部自行評核後進行獨立的外部驗證。內部稽核主管應當與董事會，通常是審計委員會討論外部評核的形式和頻率，以及外部評核者與團隊成員的資格及獨立性，並鼓勵董事會的審計委員會監督外部評核的過程，以減少潛在的利益衝突。

在選擇外部評核者與團隊成員時，應從獨立性和適任性兩方面去考量。**獨立性**表示外部評核者與團隊成員，與內部稽核單位沒有任何實際或可能被認定的利益衝突。**適任性**表示外部評核者與團隊成員，應當精通內部稽核專業實務及外部評核流程，可以從專業學習和過去經驗來考察，評核團隊整體具有勝任能力即可。

5.2.1 外部評核效益

國際稽核協會 (IIA) 於 1980 年代，開始推行內部稽核品質評核，已經在業界具有相當高的認可程度。在北美地區，大約 50% 的組織已經採用獨立的外部品質評核，其他地區也逐漸採用。在我國也有一些單位，向國際稽核協會 (IIA) 聘請來自美國的外部評核者，到公司執行一至二周的外部評核計畫，我國內部稽核協會也同時聘請國內專家一起參與。

針對內部稽核工作，應落實至少五年一次的外部評核。本書參考國際知名諮詢顧問公司設計的稽核品質評核項目，衡量指標主要依據八個面向，如圖 5.2 所示，分別為：(1)與策略目標的一致性－確保與公司策略計畫及目標一致，因此需持續關注相關的對話溝通，對部門使命及願景完成情況予以評估；(2)服務文化－建立企業內部專業服務諮詢的文化，提昇組織的營運效率及風險管理；(3)創新的技術－通過內部稽核技術，幫忙稽核人員識別風險，提升稽核人員的工作效率，持續關注新的內部稽核技術；(4) 成本效益分析－注重成本效益分析、優化稽核流程，稽核工作的完成、應合乎成本效益；(5)持續提昇品質－持續關注品質及標準的設計，鼓勵品質的創新與提升、使之成為企業文化；(6)以風險為核心的稽核計畫－關注各項風險動態的變化，以風險管理為導向，開展年度稽核計畫；(7)人才模式－合理的訂定人才合作計畫、與內外部專家協作，滿足組織特定的期望建立績效回饋機制等，促進內部稽核長遠發展計畫；(8)與利益相關者溝通－持續關注內、外部利害關係人的關聯關係，對於利害關係人的期望、溝通策略等引入適當的回饋機制。

與策略目標的一致性

- 確保與公司策略計畫及目標一致，因此需持續關著相關的對話溝通對部門使命及願景完成情況予以評估

服務文化

- 建立企業內部專業服務諮詢的文化
- 提升組織的營運效率及風險管理

創新的技術

- 通過內部稽核技術幫忙稽核人員識別風險
- 提升稽核人員的工作效率
- 持續關注新的內部稽核技術

成本效益分析

- 注重成本效益分析，優化稽核流程
- 稽核工作的完成，應合乎成本效益

持續提升品質

- 持續關注品質及標準的設計
- 鼓勵品質的創新與提升，使之成為企業文化

以風險為核心的稽核計畫

- 關注各項風險動態的變化
- 以風險管理為導向，開展年度稽核計畫

人才模式

- 合理的制定人才合作計畫，與內外部專家協作
- 滿足組織的特定的期望建立績效回饋機制等
- 促進內部稽核長遠發展

與利益相關者溝通

- 持續關注內、外部利益者的關聯關係
- 對於利益相關者的期望、溝通策略等引入適當的回饋機制

▲圖 5.2「外部評核效益」項目

5.2.2 溝通與改善

內部稽核主管應當定期向高階主管和董事會，溝通品質保證與改善計畫的報告內容。報告的形式、內容及頻率，由內部稽核主管和高階主管、董事會討論後確定。國際稽核準則要求的報告頻率，為外部評核及定期內部評核應當在報告完成後立即溝通；持續性監督結果，至少每年報告一次。除了對內報告，內部稽核主管也可以將自我內部評核的內容，與外部負責審計的會計師分享。

實戰練習 5-2：內部稽核溝通與改善

問題分析：金金飲料公司審計委員會未能啟動實質的監督作用，內部稽核單位的績效無法發揮，監察人不能發揮監督財務資訊的實質作用。公司內部稽核主管離職後無人接管，內部稽核部門稽核品質堪憂。請問金金公司的內部稽核部門的溝通與改善功能如何？

討論重點：

(1)內部稽核品質有嚴重缺失，未能通過品質改進程式，以及與高階主管和董事會都無法發揮監督功能。

(2)可以合理推斷內部稽核部門的品質保證與改善計畫，以及稽核報告與改善計畫的執行皆無效。

(3)金金公司的內部稽核部門的溝通與改善功能很差。

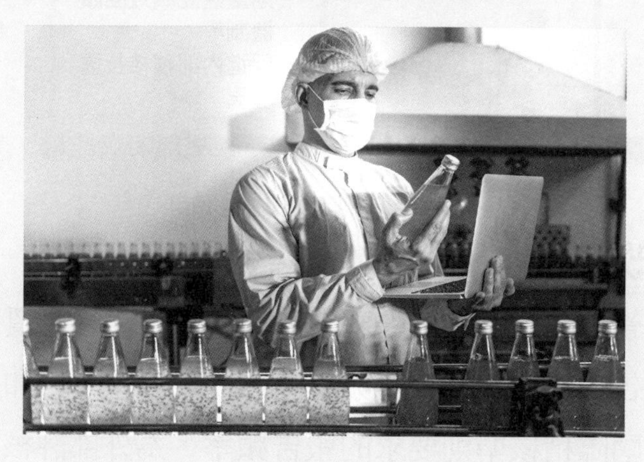

品質保證與改善計畫之結果同時包含內部評核及外部評核之結果，所有內部稽核業務皆有內部評核之結果，至少存在五年。若未能遵循《職業道德規範》或《內部稽核執業準則》，而影響內部稽核單位之整體範圍或運作時，內部稽核主管須向高階主管及董事會揭露未遵循之事項及其影響。

為確保內部稽核單位整理競爭力，內部稽核部門應當建立起一套包含內部評核和外部評核的品質保證與改善計畫。其中，內部評核包括在專案過程中，進行持續性監督，並定期進行全面的內部評核；外部評核包括聘請會計師事務所、顧問諮詢公司、專業協會等外部權威機構，對企業內部稽核品質作出獨立、客觀的評核。通過執行有效的內部評核與外部評核，並與有關方溝通品質評核結果與改進方案，才能促使企業內部稽核品質不斷地提高。

5.3 稽核單位之管理

內部稽核主管須有效管理內部稽核單位，以確保內部稽核對機構產生價值。

5.3.1 單位管理方針

內部稽核單位符合下列四個情況時，其管理功能係屬有效，如圖 5.3 所示，分別敘述如下：(1)內部稽核單位達到內部稽核規程所含之目的及責任；(2)內部稽核單位遵循《國際內部稽核執業準則》；(3)內部稽核單位個別成員遵守《職業道德規範》及《國際內部稽核執業準則》；(4)內部稽核單位考量可能影響機構之趨勢及新興議題。

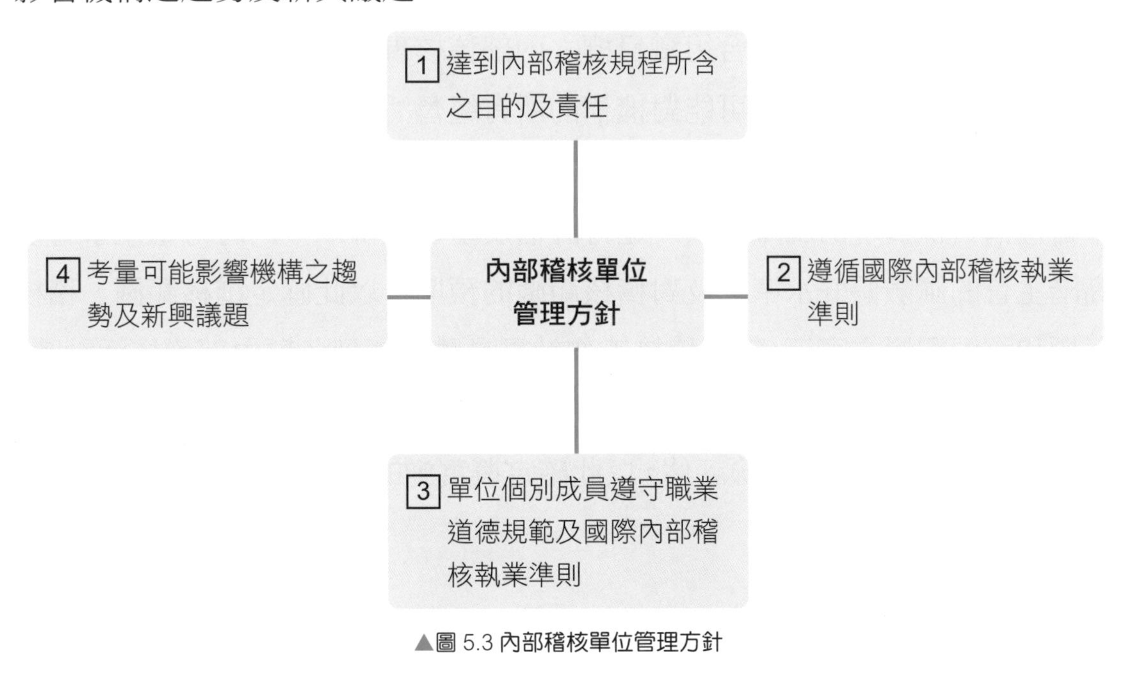

▲圖 5.3 內部稽核單位管理方針

5.3.2 管理重點

內部稽核部門的宗旨、權利和職責應通過內部稽核規程予以正式確認，該規程應遵循《國際內部稽核執業準則》和《職業道德規範》之規定。內部稽核主管對內部稽核部門進行管理時，應確保內部稽核人員和內部稽核活動有效落實內部稽核規程、《國際內部稽核執業準則》、《職業道德規範》之宗旨。內部稽核主管還應隨時關注及評估，可能對機構造成影響的發展趨勢和新興事物，一方面用以審查內部稽核規程之適應性，另一方面作為內部稽核活動規劃的指南針。

內部稽核部門的管理重點包括下列七項：(1)規劃，(2)溝通與核准，(3)資源管理，(4)政策及程序，(5)協調及依賴，(6)向高階主管及董事會報告，(7)外部服務提供者與機構對於內部稽核之責任。

5.3.2.1 規劃

根據《國際內部稽核執業準則》規定，內部稽核主管須訂定一套以風險為基礎的計畫，以決定符合組織目標之內部稽核事務優先順序。基於成本效益原則，內部稽核單位不可能對機構的所有經營活動進行查核。因此，內部稽核主管須以風險導向為基礎，制訂年度稽核工作計畫，主要表現為對可能影響機構目標實現的風險因素，進行評估及重要性排序，同時考量董事會及高階主管的風險偏好水準以及對稽核範圍的預期，以此確定稽核範圍、稽核目標和資源配置方案等。年度稽核工作計畫具體落實到各項內部稽核活動時，相關稽核人員還應編制具體工作計畫，主要表現為在充分瞭解業務活動目標及流程的基礎上，進行風險評估，以此確定擬實施的稽核程式和時間安排等。

5.3.2.2 溝通與核准

根據《國際內部稽核執業準則》規定，內部稽核主管須將內部稽核單位之工作計畫、所需資源及後續之重大變更，報請高階主管及董事會審核與通過。若稽核資源受到限制，須將其影響加以溝通。內部稽核部門應對企業的各種財務資料的可靠性和完整性、企業資產運用的經濟有效性進行稽核，因為公司內部稽核部門是執行監督公司內部控制的重要部分。

內部稽核工作計畫的有效落實，需以相對應的稽核資源配置作為前提條件。因此，內部稽核主管應將稽核計畫及資源需求，提報董事會及高階主管審批。一方面，可以使其充分瞭解稽核工作計畫並獲取意見回饋，據以調整稽核工作計畫；另一方面，在稽核工作計畫獲得批准的情況下，即代表相關工作已獲取董事會及高階主管的支援，以此有助稽核工作的順利展開。

實戰練習 5–3：溝通與核准

問題分析：南方公司內部稽核部門得不到董事會的支持而勢單力薄，執行稽核工作時處處受阻，無法履行財務稽核和經營績效稽核的職責。南方公司內部稽核人員抱怨說：「我們無法接觸重要的帳簿資料，甚至對公司會計軟體系統中的一些模組，內部稽核人員也沒有登入系統的許可權。」請問南方公司的內部稽核部門所面臨的問題為何？

討論重點：

⑴南方公司的內部稽核部門由於稽核資源受阻，未能獲得高階主管與董事會支持，導致無法履行財務稽核和業務稽核的任務。

⑵內部稽核部門應對企業的各種財務資料的可靠性和完整性、企業資產運用的經濟有效性，進行稽核。但是，內部稽核人員沒有登入資訊系統的許可權，所以查核範圍受限。

5.3.2.3 資源管理

根據《國際內部稽核執業準則》規定，內部稽核主管須確保所需資源之適當、充分及有效配置，以完成既定之稽核工作計畫。內部稽核資源包括專業團隊、外部服務提供者、資金支援、可利用的審計技術和方法。

要有配置充足的、恰當的稽核資源，方能保障實現稽核業務的廣度、深度和及時性；即為有效展開稽核活動，實現稽核目標，針對所配置的稽核資源，既有數量之要求，又有品質之要求。另一方面，內部稽核主管亦須衡量成本效益原則，對稽核資源進行合理地、有效地配置，以使稽核資源利用效益最大化。在稽核資源管理過程中，內部稽核主管負責評估稽核資源配置之適當性、充足性，並向董事會及高階主管提報資源現狀及需求。董事會及高階主管對稽核資源的充足性，承擔最終責任。

5.3.2.4 政策及程序

根據《國際內部稽核執業準則》規定，內部稽核主管須建立政策及程序，以作為稽核業務之指引。內部稽核單位應當根據組織的性質、規模和特點，編制內部稽核工作手冊，以指導內部稽核人員的工作。如圖 5.4 所示，內部稽核工作手冊之主要內容包括下列項目：(1)內部稽核單位之目標、職權、責任及工作計畫；(2)內部稽核單位的組織、管理及工作說明；(3)內部稽核單位的職位設置及每個職位之職責說明；(4)主要稽核工作流程；(5)內部稽核品質控制制度之程序和方法；(6)內部稽核人員職業道德規範和獎懲措施；(7)內部稽核工作中應當注意的事項。

1 內部稽核機構的目標、許可權和職責的說明

2 內部稽核機構的組織、管理及工作說明

3 內部稽核機構的崗位設置及崗位職責說明

4 主要稽核工作流程

5 內部稽核品質控制制度程序和方法

6 內部稽核人員職業道德規範和獎懲措施

7 內部稽核工作中應當注意的事項

▲圖 5.4 內部稽核手冊之主要內容

實戰練習 5-4：內部稽核政策及程序

問題分析：精進公司內部稽核部門採用數位化查核作業，目前進行採購流程查核，請說明採購作業的電腦稽核重點至少三項；並說明稽核作業的電腦查核控制重點。

討論重點：

(1)採購作業流程，分別說明如下：(一)先由需求單位提出請購需求。(二)由採購相關單位進行詢比議價，依據營運需要設計招標作業，制定評分基準（價格、質量、服務、交期準確等），由相關單位共同參與，以公平公正的方式選擇供應商。(三)進行採購單的審核，確認廠商後由法務

部門協助合約審查。㈣由需求或相關單位進行驗收，財會單位比對發票等憑證以進行付款。

⑵稽核人員應評估各環節可能發生的舞弊情形與風險，並藉由電腦稽核技術的使用來監控採購機制。針對稽核作業的電腦查核控制重點在於：所有交易都應該經適當的授權。

5.3.2.5 協調及依賴

為使稽核工作計畫更合理、更符合實際、更加有利於實現稽核目標，內部稽核部門在制訂稽核工作計畫時，應廣泛聽取包括董事會及高階主管、外部負責審計的會計師和法規監管機構等的各方面的意見，包括對財務和經營情況的分析、法律和法規的相關要求、行業或經濟發展的趨勢等。內部稽核部門在廣泛聽取意見後，對稽核工作的具體目標、物件、日程表等事項作出適當的調整，以保證內部稽核活動的效率和效果。

稽核人員在為董事會提供治理、風險管理和內部控制的確認性服務時，可依賴或採用其他內部或外部專家提供的確認性工作意見。內部確認性意見提供，包括企業內部如法規、資訊技術、品質、勞動健康與安全等職能部門，以及負責監督上述部門活動的管理部門。外部確認性意見提供包括外部會計師、合資企業各投資方、專家評審或協力廠商審計機構。內部稽核規程和／或業務委託書，應當說明內部稽核活動有權接觸其他內部或外部確認性意見提供者的工作。

5.3.2.6 向高階主管及董事會報告

內部稽核主管須將內部稽核單位之目的、職權、責任及工作計畫執行，以及遵循《職業道德規範》及《國際內部稽核執業準則》之情形，定期向高階主管及董事會提出報告。報告內容須包括重大之暴險與控制問題，包含舞弊風險、治理問題以及需要高階主管及董事會注意之其他事項。

報告頻率及內容之決定，係由內部稽核主管、高階主管及董事會共同決定。報告之頻率及內容，取決於所欲溝通資訊之重要性，以及高階主管及董事會所應採取相關行動之急迫性。內部稽核主管向高階主管及董事會之報告與溝通，須包含下列資訊：

●內部稽核規程。

●內部稽核單位之獨立性。

●稽核計畫及其執行進度。

●資源需求。

●稽核業務之結果。

●遵循《職業道德規範》及《國際內部稽核執業準則》，與處理任何重大遵循議題之行動計畫。

●根據內部稽核主管之判斷，管理階層對於風險之回應可能不被機構接受該風險。

5.3.2.7 外部服務提供者與機構對於內部稽核之責任

外部服務提供者扮演內部稽核單位之角色時，該服務提供者須讓該機構知悉，該機構具有維持有效內部稽核業務之責任。稽核業務外包時，所選外包服務商須具備維持有效內部稽核業務的能力，並且該外包服務商通過品質保證與改善計畫，遵循《職業道德規範》及《國際內部稽核執業準則》要求。但是，稽核仍對部門監督和應承擔的責任負責。

課後自我評量

選擇題

1. 內部評核應包括持續性監督與定期評核，下列何者不屬於持續性監督？
(A)日常督導與覆核
(B)管理內部稽核單位之例行性政策及實務
(C)聘請會計師執行內部控制專案審查
(D)評估對於職業道德規範之遵循情形

2. 內部稽核單位的外部評核，適用於下面哪一個項目？
(A)只針對內部稽核單位之遵循準則
(B)只針對內部稽核覆蓋範圍之有效性
(C)只針對內部控制之適足性
(D)針對確認性和諮詢工作的所有方面

3. 內部稽核主管以持續監控的方式，向高階主管及董事會，報告內部評核的結果，請問頻率至少多久一次？
(A)每月一次
(B)每季一次
(C)每年一次
(D)每半年一次

4. 內部稽核部門持續進行品質保證與改正程式，可聘請外部機構進行評估，並將評估結果向高階主管及董事會報告，請問評核頻率至少多久一次？
(A)每年一次
(B)每三年一次
(C)每五年一次
(D)無需外部評估，僅執行自我評估即可

5. 針對品質保證與改進計畫，下列何者錯誤？

(A)內部評核和外部評核均屬於品質保證與改進計畫

(B)內部評核可以由公司內充分瞭解內部稽核實務的其他人員執行

(C)內部評核可由部門內部人員參與，這樣可以作為一種培訓

(D)內部評核包含對已完成之工作的品質和督導的評估，但可以不包括績效指標

6. 內部稽核主管須有效管理內部稽核單位，以確保對機構產生價值。請問下列何者情況，不是內部稽核單位管理的專案？

(A)內部稽核單位達到一般公認審計準則所含之目的及責任

(B)內部稽核單位遵循國際內部稽核準則

(C)內部稽核單位個別成員遵守職業道德規範及遵循國際內部稽核準則

(D)內部稽核單位考慮可能影響機構之趨勢及新興議題

7. 如果面臨強加的稽核範圍受限時，內部稽核主管應該？

(A)推遲該稽核業務，直至該限制消除為止

(B)向董事會和高階主管報告該範圍限制所造成的潛在影響

(C)增加對可疑活動進行稽核的頻率

(D)為該業務分派更多有經驗的稽核人員

8. 內部稽核人員發現即使是經過相關方同意，糾正行動有時仍未得到執行，那麼內部稽核人員應該？

(A)決定必要的跟蹤檢查的範圍

(B)請管理層決定何時進行跟蹤檢查，因為這是管理層的最終責任

(C)只有當管理層要求內部稽核人員協助時，才決定進行跟蹤檢查

(D)將所有的稽核發現和它們對經營活動的重要性寫成一份跟蹤檢查報告

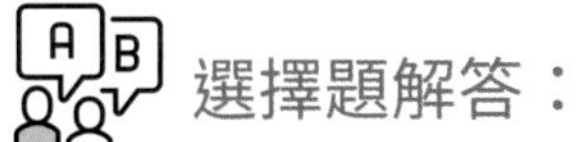

選擇題解答：

1. 答案(C)。內部評核包括對內部稽核單位之績效持續性監督，定期自行評核或由機

構內充分瞭解內部稽核實務之其他人員執行定期評核。但是，聘請會計師執行內部控制專案審查不是內部評核的項目。

2. 答案(D)。外部評核包含對於內部稽核單位已執行之所有確認性與諮詢服務（或依據內部稽核規程應執行之工作）及其遵循內部稽核定義、職業道德規範以及執業準則之情形，表達明確的意見；如有必要，包含改善之建議。此外，外部評核完成時，應向高階主管及董事會提出正式之報告。

3. 答案(C)。內部稽核主管須至少每年一次，向高階主管及董事會報告，確認內部稽核單位在機構內之獨立性。

4. 答案(C)。外部評估須每五年至少進行一次，可由專業外部機構執行或者內部評估後聘請外部機構執行驗證，並將評估結果及改善計畫向高階主管及董事會報告。

5. 答案(D)。須對內部稽核活動執行定期評核，確保其遵循相關準則，評核包括內部評核和外部評核；自我評估內容包括已完成工作之品質及對工作的監督情況、內部稽核程式和政策的充分性和適用性、內部稽核活動增加價值的方式、關鍵績效指標、滿足各利益方預期的程度等。

6. 答案(A)。內部稽核單位符合下列情況時，其管理系屬有效：

   1. 內部稽核單位達到內部稽核規程所含之目的及責任。
   2. 內部稽核單位遵循稽核執業準則。
   3. 內部稽核單位個別成員遵守職業道德規範及本準則。
   4. 內部稽核單位考慮可能影響機構之趨勢及新興議題。

   選項(A)所提出的一般公認審計準則，不是內部稽核準則。

7. 答案(B)。內部稽核主管必須就資源受限制的影響與高階主管及董事會進行溝通。

8. 答案(A)。相關說明如下：

   (A)正確。稽核主管應建立後續程式，以監督、保證管理措施得到有效落實。因此在糾正行動沒有得到執行的情況下，內部稽核人員應該開展跟蹤活動。

   (B)不正確。如何進行跟蹤活動是內部稽核部門而非管理層的責任。

   (C)不正確。跟蹤活動不是只有在管理層的要求下才能進行，而是由稽核主管決定的。

   (D)不正確。必須先開展跟蹤活動，才能編寫跟蹤活動報告。

問答題

1. 大地製藥股份有限公司的內部稽核品質低落，內部稽核人員多數是從財務部門抽調過來，許多人並不具備內部稽核相關背景專業知識，也未接受適當的初任稽核或職前培訓。此外，專案覆核制度又十分簡單，僅檢查底稿是否簽字、要素填寫是否齊全等項目；品質監督方面，檢查標準只是停留在形式方面，缺少對稽核品質的實質性覆核。在品質保證程式的事前、事中、事後各環節，請說明大地公司是否有不全之處？

2. 金金飲料公司審計委員會未能啟動實質的監督作用，內部稽核單位的績效無法發揮，監察人不能發揮監督財務資訊的實質作用。公司內部稽核主管離職後無人接管，內部稽核部門稽核品質堪憂。請問金金公司的內部稽核部門的溝通與改善功能如何？

3. 南方公司內部稽核部門得不到董事會的支持而勢單力薄，執行稽核工作時處處受阻，無法履行財務稽核和經營績效稽核的職責。南方公司內部稽核人員抱怨說：「我們無法接觸重要的帳簿資料，甚至對公司會計軟體系統中的一些模組，內部稽核人員也沒有登入系統的許可權。」請問南方公司的內部稽核部門所面臨的問題如何？

4. 內部稽核部門採用數位化查核作業，目前進行採購流程查核，請說明採購作業的電腦稽核重點至少五項；並說明稽核作業的電腦查核控制重點。
（參考 107 年公務人員高等考試三級考試試題改編）

問答題解答：每一題請參考實戰練習 **(5–1)** 至 **(5–4)** 的說明。

第6章

稽核工作與專案規劃

6.1 稽核工作之特性

6.2 評估公司治理、風險管理與內部控制

6.3 稽核專案之規劃

第6章 稽核工作與專案規劃

學習目標：

1. 稽核工作之特性
2. 評估公司治理、風險管理與內部控制
3. 稽核專案之規劃

依據內部稽核定義：「內部稽核是一種獨立、客觀的確認性和諮詢活動，旨在增加價值和改善機構的營運；其通過應用系統的、規範的方法，評估並改善風險管理、控制和治理過程的效果，促使機構達成其目標。」

6.1 稽核工作之特性

內部稽核單位必須對與機構永續發展有關之目的、計畫及活動，評估其設計、執行及成效；評估機構之資訊科技治理是否支持機構之策略及目標；評估風險管理過程之有效性，並對其改善做出貢獻；評估各項控制之效果及效率，並促進控制之持續執行與改善，以協助機構維持有效之內部控制制度。

6.1.1 內部稽核工作之特性

工作特性的定義為工作本身及與工作有關的因素或屬性，所涵蓋範圍非常廣泛，包括工作本身性質、工作環境、薪資與福利、安全感、人際關係、工作技能、工作學習新知機會、工作自主性以及工作挑戰性等項目。

內部稽核單位須以有系統、有紀律與以風險為基礎之方法，評估及協助改善機構之治理、風險管理及控制過程。當內部稽核評估意見可提供新見解與未來趨勢解析時，內部稽核在組織之可信度及價值獲得提昇。內部稽核人員必須更深入看到公司在營運過程中，較隱含層面的問題關鍵點；所以必須善用有效的稽核方法，來瞭解各部門所處理之事情。

因此，內部稽核人員要與受查單位關係維持「良好溝通」，增進彼此之間的信任與尊敬，有助於稽核證據的蒐集和資料分析。因此，內部稽核人員在執行工作時，透過坦誠的言語態度之溝通方式，以受查顧客導向的觀念來執行稽核，將使稽核工作更具生產力。內部稽核工作應專注於有效內部控制，並積極地監督風險管理以及公司治理的實質推動；同時，持續發揮營運過程之改善，進而在組織產生影響力。如此，將有助於強化內部稽核之專業價值及重要性。

6.1.2 內部稽核工作之採用

依據《審計準則公報》第二十五號「內部稽核工作之採用」，會計師審計團隊查核人員可採用內部稽核之工作，作為財務報表查核之證據；查核人員須執行之查核程序，得因有效之內部稽核而減少，但無法完全取代。

由於內部稽核重要職能之一，在於監督組織內部控制制度之有效設計與執行，所以查核人員評估受查者內部控制制度時，應對內部稽核工作充分瞭解。因此，查核人員為瞭解受查者之內部稽核工作，通常應向管理階層與內部稽核人員詢問下列事項：(1)內部稽核人員在組織中之地位；(2)內部稽核人員之工作範圍及其工作是否受有限制；(3)內部稽核工作是否由受有適當專業訓練者擔任；(4)內部稽核工作是否業經適當之規劃、督導及複核。

為評估內部稽核工作，對會計師審計團隊查核人員的查核工作之攸關性，查核人員通常可藉下列程序來了解：(1)參閱以前年度查核工作中，有關受查者內部稽核之資料；(2)瞭解內部稽核人員如何依其對風險之評估，將其可用資源分配於財務或業務稽核工作之情形；(3)查閱內部稽核報告，以獲得有關內部稽核工作範圍之詳細資訊。

此外，查核人員評估內部稽核人員之適任性時，應考慮下列因素：(1)內部稽核人員之教育程度及專業經驗；⑵內部稽核人員之在職訓練；⑶內部稽核政策及程序；⑷內部稽核人員工作之指派及其所受之督導與複核；⑸工作底稿、稽核報告等之品質；⑸對內部稽核人員績效之評估。再者，查核人員評估內部稽核人員之客觀性時，應考慮下列因素：

一、內部稽核在組織中之地位，包括：

⑴內部稽核單位是否直接隸屬於董事會。

⑵內部稽核主管是否可直接向審計委員會或監察人或獨立董事報告。

⑶內部稽核主管之任免是否由董事會決定。

二、維持內部稽核客觀性之政策，包括：

⑴禁止內部稽核人員對其親屬擔任重要或敏感性職務之營運活動的稽核。

⑵禁止內部稽核人員對其本身過去一年內及現在所負責或即將負責之營運活動的稽核。

查核人員評估內部稽核人員之適任性及客觀性時，通常考慮下列來源之資訊：⑴以前年度查核經驗對內部稽核職能之瞭解；⑵與有關管理階層之討論；⑶其他單位對內部稽核工作品質之評估報告。

6.2 評估公司治理、風險管理與內部控制

根據《國際內部稽核執業準則》規定，內部稽核單位須以有系統、有紀律及以風險為基礎之方法，評估及協助改善機構之公司治理、風險管理及內部控制過程。

6.2.1 公司治理過程

由於現代大型公司的企業股權結構分散、所有權與經營權分離等特徵，可能會導致大股東和小股東之間存在利益衝突，股東和管理階層之間存在利益衝突，因此產生了公司治理問題。公司治理實質上是一種制衡機制，公司為實現策略目標，而設計、實施的組織專業架構和一系列制度、流程規範的組合。內部稽核屬於公司治理中不可或缺的一部分，通過定期評估公司內部治理機制的有效性，依據風險評估結果提供應對策略，以提昇公司治理水準，可以說公司治理與內部稽核是密不可分。內部稽核單位須評估機構之治理過程，並提出適當之改善建議，如圖 6.1 所示，6 個改善建議項目。

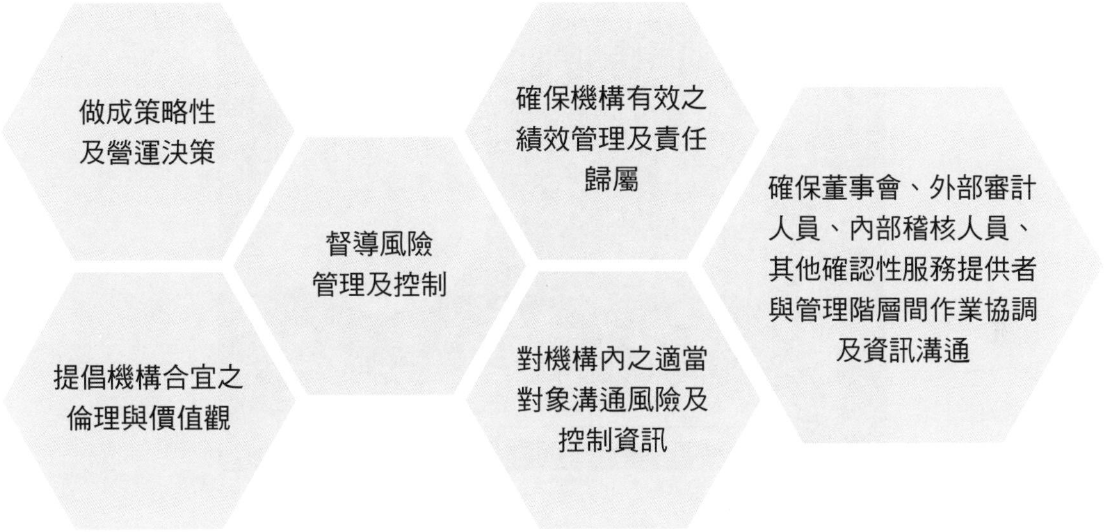

做成策略性及營運決策

督導風險管理及控制

確保機構有效之績效管理及責任歸屬

確保董事會、外部審計人員、內部稽核人員、其他確認性服務提供者與管理階層間作業協調及資訊溝通

提倡機構合宜之倫理與價值觀

對機構內之適當對象溝通風險及控制資訊

▲圖 6.1 稽核提出的改善建議項目

實戰練習 6-1：公司治理與內部稽核失效

問題分析：美美中藥材公司公告的年度內部控制審查報告與年度審計報告，分別經外部審計機構出具否定意見及保留意見；與此同時，美美公司還出具了一份前期會計錯誤更正說明的公告，顯示前一年底財務報告存在貨幣資金多計 29 億元等一系列會計錯誤。審計委員會亦承認未能及時發現公司內部控制所存在的重大缺陷，嚴重損害小股東及其他投資人利益。請問美美公司的主要問題為何？

討論重點：

(1)美美公司治理機制及內部稽核職能兩者雙重失效，審計委員會承認未能及時發現公司內部控制所存在的重大缺陷，內部稽核也因未即時偵測舞弊和提出專案報告而失職。

(2)公司內部稽核職能的缺失，如同深埋在公司治理機制中的地雷，任何一次舞弊事件或其他重大差錯都可能成為地雷引爆的導火索，並最終引發蝴蝶效應。

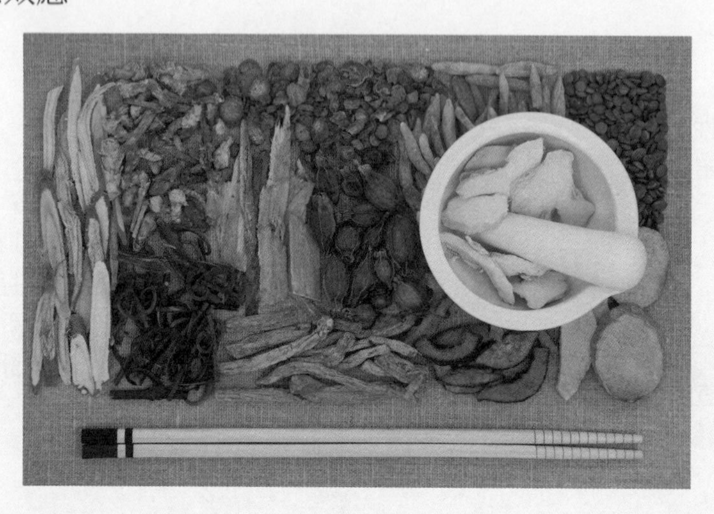

6.2.2 風險管理有效性

全面風險管理是為確保企業實現策略目標，而對相關風險進行辨識、評估、因應和監督的過程，需要由企業全員參與；同時需要具備專業性人才，提供專業的幫助。在企業風險管理過程中，董事會與高階主管應決定公司整體的風險偏好及風險承受度，以此確定董事會與高階主管對風險管理的基調，並對風險管理的結果承擔主要責任。內部稽核人員在風險管理過程中，作好諮詢顧問的角色，一方面為董事會及高階主管提供技術支援，一方面對風險管理效果進行客觀評估及確認。

6.2.3 內部控制有效性

內部控制係為管理風險和把風險降到可接受的容忍度，以實現內部控制目標。內部控制實施的各項政策和程序，以不同的類型進行劃分，包括人工控制和系統控制，預防性控制和檢查性控制；採取的具體方式，則包括授權審批、不相容職責分離、預算管理、會計記錄、營運分析、績效考核和財產保護等。內部稽核人員需要在內部控制的設計適當性和執行有效性兩個層面，進行定期和不定期評估；評估標準則是檢視這些內部控制是否促進實現企業三大內部控制目標：即合理確保達成企業營運效率和效果、報導可靠性、法令規定遵循。

實戰練習 6-2：風險管理與內部控制失靈

問題分析：隨著現代互聯網技術的發展，新概念「共享經濟」開始崛起。例如，共用單車公司應運而生，其憑藉創始團隊成員以及新興的商業模式，陸續獲得各方的青睞。但是，共用單車公司創立不到五年，出現經營危機，為了迅速搶佔市場，一味地擴張單車投放量，卻未對隨之而來的營運做好風險控管。一方面，多家供應商起訴共用單車公司拖欠貨款；另一方面，又有用戶爆出退押異常，種種負面消息，導致共用單車公司陷入信用危機。請問共用單車公司在哪些方面失靈？

討論重點：

(1)共用單車公司就像一顆流星，迅速升起又迅速隕落，總結其失敗的主要原因，即管理團隊急速擴張的規模，缺乏與其相匹配的風險管理與內部控制能力。

(2)在資金管控方面，隨意挪用使用者押金的情況，亦未設置風險準備金，以應對批量退押的情形，導致共用單車公司陷入信用危機。

(3)共用單車公司在營運和財務方面，風險管理與內部控制都嚴重的失靈。

內部稽核在完善公司治理機制方面發揮多重作用，對風險管理和內部控制之設計與執行的有效性，進行專業評估；同時，亦在公司整個動態管理過程中，對風險管理和內部控制執行評估，提供獨立、客觀的評估，並提供改善建議，有助於促成機構目標的實現。

6.3 稽核專案之規劃

內部稽核人員須為每項專案擬訂書面計畫，其內容應包括該專案之目的、範圍、時程及資源配置；此外，該項計畫須考量與該專案攸關之機構策略、目標與風險。

6.3.1 規劃之考量

內部稽核人員應瞭解被稽核部門的策略、目標、風險，評估其風險管理、內部控制的適當性和有效性，同時須思考重大改善的機會。從編制稽核工作方案開始，就要考慮預算、後勤以及最終稽核結果的報告形式。編制業務計畫時，需在遵循內部稽核部門政策和程序的前提下，完成年度稽核計畫中已確定的目的和目標。

首先對受查單位進行初步的業務調查，以瞭解受查單位被稽核領域的宗旨、願景、策略目標、風險偏好、控制環境、治理結構、風險管理過程，進而才能評估其風險管理和內部控制之有效性。

在初步調查過程中，可以通過與受查單位高層溝通，或查看其策略目標、策略檔案和會議記錄；或通過查看其組織專業架構、職責、關鍵績效指標(KPI)、營運程序等資訊，瞭解和評估受查單位的風險，將更有助於擬定和編訂稽核計畫。

另外，編製稽核計畫時，還需考量稽核業務本身的目標、範圍和資源；稽核目標要確認後，才能確定後續稽核測試和檢核的業務範圍，編制行動計畫和分配資源。內部稽核資源規劃，包含稽核組織整體有充足的稽核技能和知識，以完成稽核任務。

編製稽核計畫最重要的一項重點，需要考慮該項稽核業務的增值機會；即通過職業判斷、經驗，來思考為受查單位或業務提供重大改善的機會。最後，編制稽核計畫應當留存充分的佐證檔案，並納入工作底稿；包括書面文件和電子檔案，涵蓋制定過程所考慮到的範圍、記錄、底稿和已核准檔案等。

實戰練習 6-3：編制稽核計畫應考量因素

問題分析：東方公司所處行業原料的自給率較低，長期依賴於進口，銷售也依賴於出口；其面臨的風險包含行業原材料價格波動風險，還面臨較大的關稅風險。內部稽核人員並未辨識以上風險，在稽核報告中沒有對關稅政策變動的潛在風險進行說明。在 2017 年 3 月底，爆發了中美貿易戰，美國對東方公司 500 億美元商品徵收關稅，導致該公司當年簽訂的合約處於較大波動，可能直接帶來的經濟損失達上億元。請問該公司稽核計畫缺乏考量哪些項目？

討論重點：

(1)東方公司稽核團隊在稽核計畫階段，風險辨識不足，在稽核報告中沒有對關稅政策變動的潛在風險進行說明。

⑵稽核團隊在擬定稽核計畫時，未強化對受查單位的事前調查工作，也沒有深入充分收集受查部門業務的相關資料，所以未能辨識出部分關鍵風險。

我們須將確定稽核目標，作為編制稽核計畫的一部分；只有確定稽核目標，才能明確後續的核對總和測試範圍。預估和確定適用的稽核資源，才能擬定合適的稽核程式。

確定稽核目標時，應包含希望達到的具體事項、稽核的範圍；所確定的稽核目標需要清晰、簡明，符合年度稽核計畫，且與制定稽核計畫時的風險評估有關聯；確定稽核目標時，可以參考國際內部稽核專業實務架構 (IPPF)，以及 COSO 內部控制整合架構或者 ISO 31000 標準。

通過瞭解稽核對象的策略、目標、願景，將有助於更加明確稽核業務目標；通過與被稽核單位管理層訪談與溝通，瞭解其業務開展的原因及組織希望實現的目標有助於確定稽核業務目標；另外，確定稽核業務目標時，需要充分考量被稽核部門相關的風險，以風險為導向確定業務目標。

內部稽核人員需留存充分的佐證檔案，明確訂定稽核目標、政策和程序的遵循性。這些檔案包含擬定計畫的備忘錄、經批准的稽核工作方案、溝通的會議記錄／交流筆記等，以證明稽核目標的形成過程之佐證資料。

實戰練習 6-4：內部稽核目標不明確

問題分析：平平公司連續兩年經營虧損，利用第二年第 4 季度造假財務資料，將第二年經營結果轉虧為盈。財務資料舞弊情況涉及項目，包括提前確認銷售收入、虛構專業架構協議虛增銷售收入、錯誤確認未履行的合約收入、延遲確認費用降低成本等，共計虛增利潤 1200 萬元。平平公司內設有內部稽核部門，並獨立向審計委員會報告；雖然以上財務造假的因素有很多，內部稽核單位未發揮其監督功效，內部稽核人員卻未發現絲毫的跡象，也未將財務報告真實性納入稽核範圍。請問該公司內部稽核所發生的嚴重問題為何？

討論重點：

(1)虛增收入造假手段大多不複雜，內部稽核單位卻未發現絲毫的跡象，可推斷出該公司內部稽核單位的稽核目標不明確，可能未將財務報告真實性納入稽核範圍。

(2)因為稽核目標不明確，就無法確定稽核人員的查核範圍，所以也未投入必要的稽核程式和投入相應的稽核資源。這些種種問題，造成內部稽核單位未發現虛增收入的跡象。

在擬定稽核計畫階段，一項重要的內容就是需要確定稽核範圍，亦即哪些業務領域和流程，需要納入當次稽核範圍內？哪些不需要包含在內？這些項目要先確定，才能檢視：⑴稽核範圍覆蓋是否足夠；⑵當期規劃是否能夠充分實現稽核目標；⑶覆核年度稽核計畫是否能夠達成規劃項目。

在確定稽核範圍時，需要充分考慮當期擬定稽核計畫時所辨識和確認的風險；同時，需要利用內部稽核人員的經驗和專業知識，進行判斷以確認稽核範圍。在確認稽核範圍過程中，可能會受到受查部門或者其他方面因素的限制，導致本應納入稽核範圍的領域或者流程卻當期無法執行查核和測試；所以，針對該限制，需要在最終的稽核報告進行說明和報告。在擬定稽核計畫階段，相關證明遵循性的檔案，需要充分的說明確定稽核範圍的過程。這些檔案內容，可以包含但不限於管理階層批准的稽核工作方案、稽核範圍說明書、計畫備忘錄、稽核申明書、討論會議記錄等記錄編訂稽核計畫過程的檔案等。

6.3.2 資源分配與目標實現

稽核主管需要充分考量每項稽核任務的性質、複雜程度，來分配稽核資源和規劃稽核時間，確保完成稽核目標。在擬定稽核計畫時，需要充分考量完成稽核任務所需要的人力、知識、時間等相關資源，充分和適當的資源知識，以及完成一項稽核任務所必要的資源組合。

分配稽核資源時，要充分考慮每位內部稽核人員所具備的專業技能，包含財務、資訊、資產管理等；稽核主管要確保整個團隊內部稽核人員組合的知識、技能、經驗足夠完成稽核任務，達到稽核目標。若某些稽核專案需要的技能，無法在內部得到滿足，則稽核主管可以從外部尋求資源，如邀請審計專家、顧問加入稽核專案團隊，但仍需要稽核主管執行充分的監督。分配稽核資源過程中，需要遵循《內部稽核執業準則》，保留遵循性佐證檔案，包括但不限於經核准的稽核計畫方案、會議備忘錄或其他佐證性檔案。

在編制稽核工作方案時，需要全面考慮已確定的稽核目標和範圍，所編制的方案須確保能達到稽核目標，且要覆蓋受查對象或流程的關鍵風險所對應的內部控制措施。稽核工作方案應包含實施稽核過程中的資源配置，如人力、時間分配；還包含實施稽核時，所要使用的查核方法和技術。

良好的工作方案，有助於按時有效完成稽核任務、達成稽核目標。稽核方案的格式，可以根據不同組織和任務進行調整，可以是標準範本、檢查清單、也可以利用風險控制矩陣進行編制，且方案需要稽核團隊成員都充分知悉。最後，編制稽核方案的過程，資料需要完整保留，以證明對法令規定的遵循性。

實戰練習 6–5：查核舞弊跡象

問題分析：成機集團子公司存在虛增利潤等財務造假行為，3 年共虛增收入 4.8 億元，少計存貨 5 億元，少計營業費用 1 億元等，虛增利潤 3 億元；其虛增的利潤導致該年度的經營成果轉虧。身為集團稽核主管張美華副總，和稽核部門專案查核人員，討論該子公司的舞弊行為發生原因之一是該公司內部控制有缺陷。請列舉虛增利潤的舞弊跡象案例？

討論重點：

(1)舞弊行為發生原因之一，是該公司內部控制有缺陷，財務部門與業務部門缺乏溝通，且無後續覆核的內部控制；同時，還有監管機制未有效發揮。

(2)該公司財務舞弊手段主要有三種：(一)前期確認收入，其產品實際發貨運輸的時間點與帳面確認收入的時間點不一致，在未完成發貨即確認收入；(二)當期少計提費用；(三)虛增成本與虛減存貨。

制定完善的年度稽核計畫，應充分考量稽核業務所要達到的稽核目標。完成稽核目標，必須檢核和測驗的稽核範圍；同時基於目標和範圍，要提供適當的資源。最後，基於前面因素並通過初步調查擬定完善的工作方案，方能提高稽核品質，完成年度稽核計畫和目標，增加內部稽核的價值。

實戰練習 6-6：內控缺失與稽核程序

問題分析：大大公司會計部門王先生負責記錄購貨所產生之應付帳款。王先生編製付款傳票後連同購貨發票交予出納部門付款，付款後出納部門再將購貨傳票與發票歸還王先生入帳並歸檔。大大公司發現王先生僅藉由將已付款之購貨發票上供應商名稱篡改為他本人虛設之公司名稱，再編製付款傳票交予出納部門付款之方式，即達成侵吞現金之目的。請問該公司的內控缺失為何？應採用稽核程序為何？

討論重點：

案例	內部控制缺失		稽核程序	
案例	1	欠缺對發票及傳票之核對，同時缺乏交叉檢核或驗證	1	將已付款的帳戶與供應商檔案進行比對，確認內部驗證的程序是否有效執行？
	2	出納並未檢核比對〔請購單〕、〔採購單〕、〔驗收單〕上所載供應商的訊息	2	發函證詢問供應商關於已付款及未付款的金額

課後自我評量

選擇題

1. 內部稽核人員主動提供新見解及考量未來影響時，請問有什麼好處？
(A)內部稽核之可信度及價值獲得提升
(B)內部控制有效性提高
(C)公司治理層級提高
(D)公司評鑑結果良好

2. 內部稽核單位須評估下列與機構之治理、營運及資訊系統有關之風險，請問不包括下列哪一項？
(A)機構策略目標之達成
(B)財務及營運資訊之可靠性及完整性
(C)營運及計畫之效果及效率
(D)負責風險管理規劃

3. 內部稽核單位須評估下列風險控制措施之適足性與有效性，請問不包括下列哪一項？
(A)機構策略目標之達成
(B)財務及營運資訊之絕對正確性及完整性
(C)營運及計畫之效果及效率
(D)法令、政策、程式及契約之遵循

4. 針對稽核專案的執行，稽核主管須先與高階主管或董事會確認建立適當標準，以決定專案目的及目標達成之情形。如果沒有達成共識，請問要如何處理？
(A)內部稽核人員須與管理階層或董事會討論，以辨識適當之評估標準
(B)依據稽核準則執行
(C)按照公司章程處理
(D)依循往例處理

5. 內部稽核人員須決定達成專案目的所需之適當及充分之資源。人員之指派不應考慮下列哪一個項目？
(A)專案性質與複雜度
(B)時間限制
(C)可用資源之評估
(D)具有爭議的項目

6. 內部稽核確認專案的範圍應包括以下哪些內容的考慮？
(A)僅考慮在專案客戶控制下的那些系統和記錄
(B)在協力廠商控制下的相關的實物資產
(C)業務目標、結論和建議
(D)最終的業務溝通

選擇題解答：

1. 答案(A)。內部稽核人員主動且其評估可提供新見解及考量未來影響時，內部稽核之可信度及價值獲得提昇。
2. 答案(D)。內部稽核單位須評估下列與機構之治理、營運及資訊系統有關之風險：機構策略目標之達成；財務及營運資訊之可靠性及完整性；營運及計畫之效果及效率；資產之保全；法令、政策、程式及契約之遵循。內部稽核單位不能負責風險管理規劃。
3. 答案(B)。內部稽核單位須評估下列風險控制措施之適足性與有效性：
機構策略目標之達成；財務及營運資訊之可靠性及完整性；營運及計畫之效果及效率；資產之保全；法令、政策、程式及契約之遵循。
4. 答案(A)。稽核人員須確認管理階層或董事會已建立適當標準，以決定目的及目標達成之情形。若標準適當，內部稽核人員須使用該標準進行評估；若不適當，內部稽核人員須與管理階層或董事會討論，以辨識適當之評估標準。
5. 答案(D)。內部稽核人員須決定達成專案目的所需之適當及充分之資源。人員之指派應基於對專案性質與複雜度、時間限制及可用資源之評估。
6. 答案：(B)。專案的範圍應考慮到相關的系統、記錄、人員及包括協力廠商控制的實物資產。

問答題

1. 美美中藥材公司公告的年度內部控制審查報告與年度審計報告，分別經外部審計機構出具否定意見及保留意見；與此同時，美美公司還出具了一份前期會計錯誤更正說明的公告，顯示前一年底財務報告存在貨幣資金多計 29 億元等一系列會計錯誤。審計委員會亦承認未能及時發現公司內部控制所存在的重大缺陷，嚴重損害小股東及其他投資人利益。請問美美公司的主要問題為何？

2. 隨著現代互聯網技術的發展，新概念「共享經濟」開始崛起。例如，共用單車公司應運而生，其憑藉創始團隊成員以及新興的商業模式，陸續獲得各方的青睞。但是，共用單車公司創立不到五年，出現經營危機，為了迅速搶佔市場，一味地擴張單車投放量，卻未對隨之而來的營運做好風險控管。一方面，多家供應商起訴共用單車公司拖欠貨款；另一方面，又有用戶爆出退押異常，種種負面消息，導致共用單車公司陷入信用危機。請問共用單車公司在哪些方面失靈？

3. 東方公司所處行業原料的自給率較低，長期依賴於進口，銷售也依賴於出口；其面臨的風險包含行業原材料價格波動風險，還面臨較大的關稅風險。內部稽核人員並未辨識以上風險，在稽核報告中沒有對關稅政策變動的潛在風險進行說明。在 2017 年 3 月底，爆發了中美貿易戰，美國對東方公司 500 億美元商品徵收關稅，導致該公司當年簽訂的合約處於較大波動，可能直接帶來的經濟損失達上億元。請問該公司稽核計畫缺乏考量哪些項目？

4. 平平公司連續兩年經營虧損，利用第二年第 4 季度造假財務資料，將第二年經營結果轉虧為盈。財務資料舞弊情況涉及項目，包括提前確認銷售收入、虛構專業架構協議虛增銷售收入、錯誤確認未履行的合約收入、延遲確認費用降低成本等，共計虛增利潤 1200 萬元。平平公司內設有內部稽核部門，並獨立向審計委員會報告；雖然以上財務造假的因素有很多，內部稽核單位未發揮其監督功效，內部稽核人員卻未發現絲毫的跡象，也未將財務報告真實性納入稽核範圍。請問該公司內部稽核所發生的嚴重問題為何？

5. 成機集團子公司存在虛增利潤等財務造假行為，三年共虛增收入 4.8 億元，少計存貨 5 億元，少計營業費用 1 億元等，虛增利潤 3 億元；其虛增的利潤導致該年度的經營成果轉虧。身為集團稽核主管張美華副總，和稽核部門專案查核人員，討論該子公司的舞弊行為發生原因之一是該公司內部控制有缺陷。請列舉虛增利潤的舞弊跡象案例。

6. 大大公司會計部門王先生負責記錄購貨所產生之應付帳款。王先生編製付款傳票後連同購貨發票交予出納部門付款，付款後出納部門再將購貨傳票與發票歸還王先生入帳並歸檔。大大公司發現王先生僅藉由將已付款之購貨發票上供應商名稱纂改為他本人虛設之公司名稱，再編製付款傳票交予出納部門付款之方式，即達成侵吞現金之目的。請問該公司的內控缺失為何？應採用稽核程序為何？

（參考 106 年公務人員高等考試三級考試試題改編）

問答題解答： 每一題請參考實戰練習 (6–1) 至 (6–6) 的說明。

第7章

專案執行與結果溝通

第7章 專案執行與結果溝通

學習目標：

1. 專案之執行
2. 記錄資料與專案督導
3. 溝通專案結果

根據《內部稽核執業準則》規定，內部稽核人員須辨識、分析、評估並記錄充分、可靠、攸關及有用之資訊，以達成稽核專案之目標。

7.1 專案之執行

在稽核專案實際執行過程，應當以內部稽核目標為導向，由稽核人員完成資訊的收集、分析及判斷工作，並由具備適當經驗之內部稽核主管執行覆核，如圖 7.1 所示。

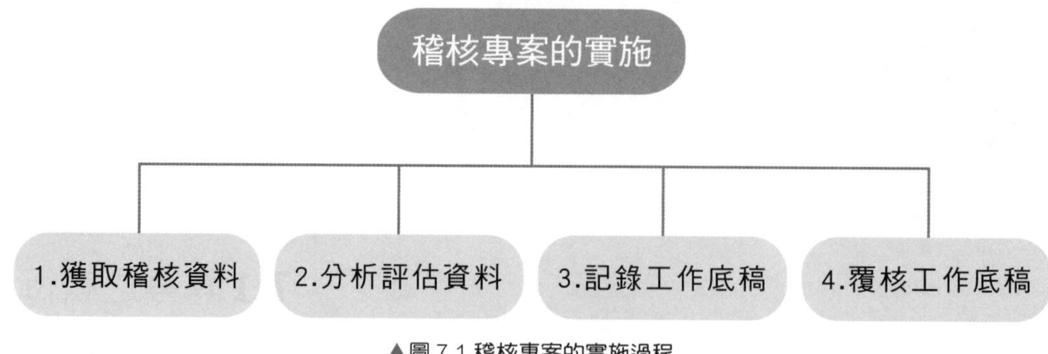

▲圖 7.1 稽核專案的實施過程

7.1.1 辨識資訊與分析評估

從稽核專案的規劃到執行，內部稽核人員要了解此兩階段區別，每個階段都包含分析與評估。但是在執行階段，稽核人員需要收集資料，通過資料內容作出分析與判斷，並記錄在工作底稿中，由專案組長或管理階層指定的專案負責人來覆核。

有些公司受限於規模，內部稽核單位僅有 1 人，無法展開底稿內容覆核，此時更需要內部稽核人員嚴謹地記錄底稿。另外，需確認稽核專案的最終目標，是對關鍵控制點的設計與執行，檢視能否保證達成公司的營運目標。

內部稽核人員應認知資訊安全的四項防護內容，即防遺失、防盜用、防洩露、防篡改，如圖 7.2 所示。

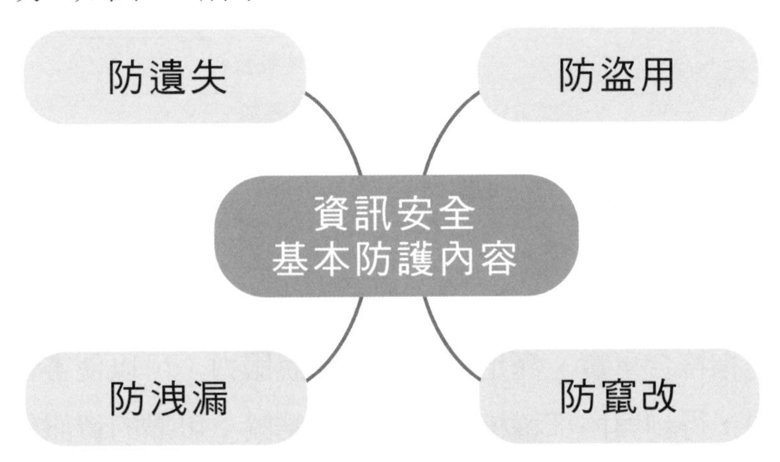

▲圖 7.2 資訊安全基本保護

在執行過程中，還應注意對個人資訊的保護，具體表現有下列三方面：

- 執行稽核工作中對收集相關個人身分資訊的保護。
- 瞭解不同國家或地區涉及個人資訊利用的相關法律。
- 在特定環境下，使用個人資訊不恰當；甚至在非法情況下，稽核人員可不對此資訊進行收集與記錄。
- 如果對獲取個人資訊存在疑慮，可在開始實施工作前，徵詢法律顧問的意見。

7.1.1.1 現場工作

根據稽核專案工作通知的開始時間，內部稽核人員按時進入受查單位，實施稽核工作。進入現場後，稽核人員應當首先完成溝通會議、資料收集和現場觀察工作，如圖 7.3 所示。

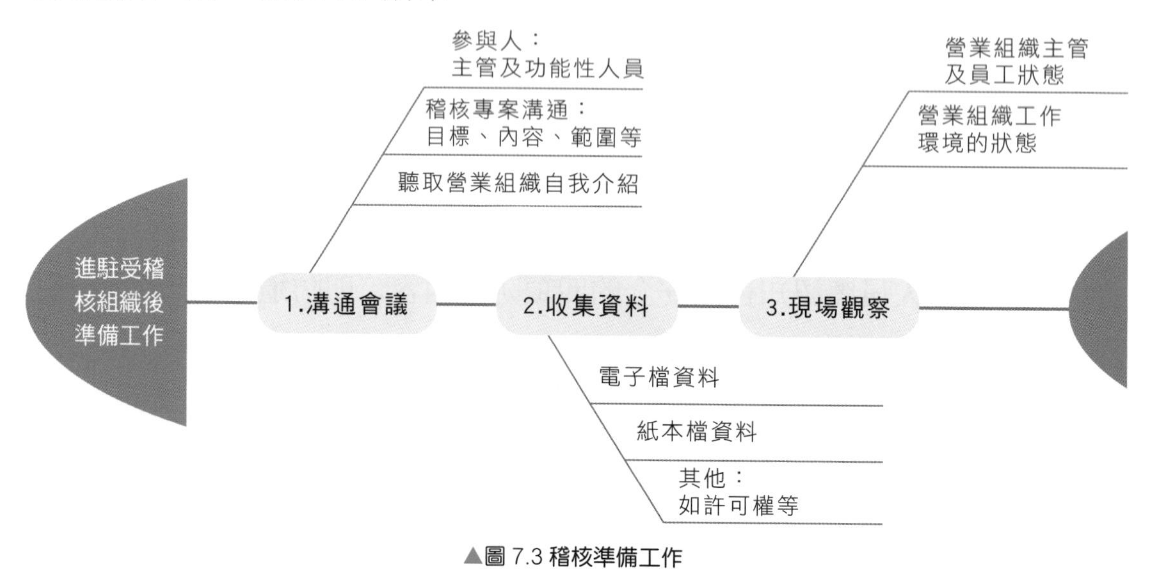

▲圖 7.3 稽核準備工作

7.1.1.2 辨識資訊

可適用的資訊應當滿足「充分、可靠、攸關、有用」四個特徵。其中，充分的資訊是指符合事實、滿足條件、具備說服力，可以使審慎的、具備相關知識的人員，得到與內部稽核人員相同之結論；可靠的資訊係指通過採用適當的技術，可以獲得的最佳資訊；攸關的資訊係指支援內部稽核人員發現的問題和建議，並與稽核目標一致的資訊；有用的資訊有助於組織實現其目標。

實戰練習 7–1：內部稽核辨識資訊

問題分析：大和公司從原料購進到生產、銷售、出口等環節，公司偽造了全部單據，包括銷售合約和發票、銀行票據、海關出口報關單和所得稅免稅檔。稽核人員未能有效執行應收帳款函證程式，將所有詢證函交由公司發出，而並未要求公司應收帳款債務人將回函直接寄達稽核單位辦公處。大和公司編制合併報表時，未抵銷與子公司之間的關聯交易金額，從而虛增巨額資產和利潤；但是，稽核人員未能執行有效的分析性測試。請問大和公司稽核單位在辨識資訊方面的問題為何？

討論重點：

(1)在稽核專案實施過程中，充分收集、分析、評估各類資訊，稽核人員應通過分析性程式識別出可能的舞弊跡象。稽核人員未要求公司應收帳款債務人將回函直接寄達稽核單位辦公處。

(2)稽核人員未能執行有效的分析性測試，無法偵測出虛增巨額資產和利潤的與子公司之間的關聯交易金額。

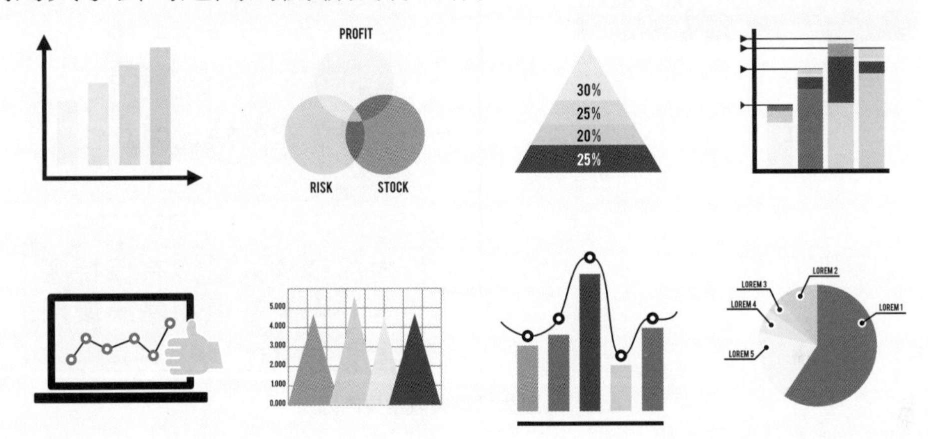

7.1.1.3 分析與評估

內部稽核人員完成資料收集後，需要對資料進行分析與評估；如果從中發現差異，應要得到結論。分析性的稽核程式，是內部稽核人員通過分析和比較稽核資料之間的關係或計算比率，以確定合理性，並且是發現潛在的差異和漏洞的一種稽核方法，所以其分析的基礎需要保證客觀性。

通常稽核項目執行的缺陷：(1)分析的差異，稽核人員未能保持應有的職業審慎和懷疑；(2)評估的差異，沒有獲取足以支援其稽核意見的直接稽核證據。常見的稽核失敗的原因，如圖 7.4 所示。可見除了內部控制失效、人為舞弊等原因外，其中很重要一點，就是內部稽核人員的分析與評估不足，可能導致稽核項目查核的徹底失敗。

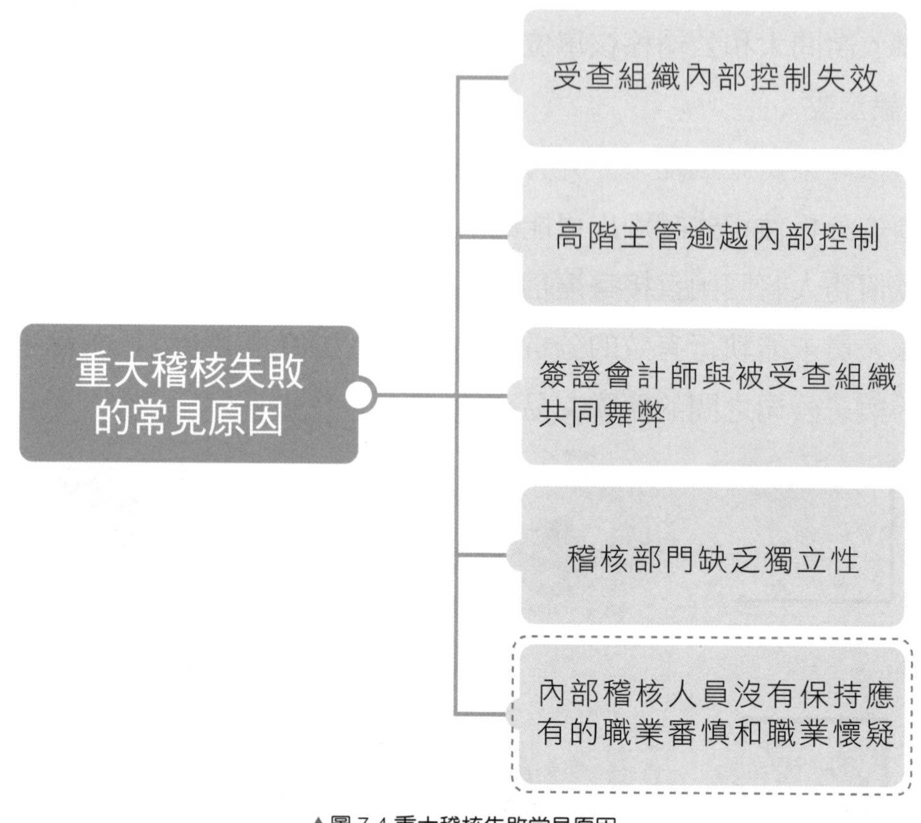

▲圖 7.4 重大稽核失敗常見原因

7.2 記錄資料與專案督導

內部稽核人員須記錄充分、可靠、攸關且有用的資訊，以期能支援其專案結果及結論。

7.2.1 記錄資訊

為有效保護稽核記錄，內部稽核主管須控制對業務紀錄的接觸；在對外提供記錄前，內部稽核主管須依據專業判斷，先徵得高階主管與法律顧問的同意，才能對外提供記錄。不論針對確認性專案或是諮詢性專案，內部稽核主管都須制訂資料保存、對外提供之規定，並且該規定須符合機構之相關法令規範。

例如世界有名的美國安隆舞弊案，提供安隆公司外部審計服務的安達信會計師事務所，在審計查核工作底稿方面的缺陷：㈠在底稿中隱瞞內容，安達信審計人員明知安隆公司存在財務作假的情況，卻沒有予以揭露；㈡自行銷毀底稿，安達信審計人員銷毀檔案，妨礙司法調查。此安隆舞弊案給內部稽核帶來的啟示，內部稽核人員需將稽核工作過程中，收集到的充分、可靠、攸關及有用之資訊，記錄於工作底稿，並且底稿內容應能支援專案的結論。

7.2.2 專案之督導

專案之執行須加以適當督導，這是為了三項目的之達成：⑴為稽核目的之實現，⑵為稽核品質之保證，⑶為稽核人員之培養。專案需督導的程度，取決於內稽人員的勝任能力和經驗水準，以及該專案本身的複雜程度。內部稽核主管對專案之督導負全面責任，可指定具備適當經驗之內部稽核部門成員具體覆核，適當的督導證據應予記錄並保留。

內部稽核人員的使命，應當以風險為基礎的稽核工作，提供客觀的確認、建議和洞察，增加和保護機構價值。因此內部稽核隊的人員，應保持客觀與獨立的辨識、分析、評估並記錄充分的資訊，最終實現稽核目標。

7.3 溝通專案結果

根據《內部稽核執業準則》規定，內部稽核人員須與有關人員溝通專案結果。內部稽核須確保溝通結果之範圍、目標和結果正確性；結果的報告必須準確、客觀、清晰、簡潔，並且富有建設性、完整性和及時性。同時，內部稽核主管必須向適當對象報告稽核結果。

發表稽核總體意見時，必須考慮到機構的策略、目標和風險，以及高階主管、董事會及其他利害關係人的期望；總體意見的發表，必須有充分、可靠、相關及有用的資訊支持。如有必要，內部稽核人員可以在稽核過程中提交報告，以便及時採取有效糾正措施，以改善業務活動、風險管理和內部控制。

7.3.1 報告標準與品質

稽核報告應及時提供，以便於相關部門採取及時的糾正措施、改進方案或行動計畫，促進公司預期目標的實現。在稽核過程中，為了提高效率和品質，內部稽核人員應及時彙報進度；並就重大發現，及時與其他稽核人員或主管溝通；如有必要，應調整稽核步驟或計畫。

7.3.1.1 報告標準

稽核報告是稽核工作發現的呈現，是內部稽核人員對稽核發現作出的專業結論和建議的彙總，亦是評估稽核人員工作績效的工具。稽核報告中，應包含稽核目標、範圍和結果。

稽核目標決定稽核業務開展的範圍和頻率，反應管理階層對業務流程風險的重視程度和對稽核工作的要求；報告中應說明本次稽核的目標和範圍，並說明對受查單位項目查核的必要性和理由，包括年度稽核計畫或管理階層要求。稽核結果是報告的重要部分，應全面呈現稽核發現，表達針對發現的結論，提出相關建議。

稽核發現是對業務流程稽核事實的呈現，結論和改善建議是根據發現的事實情況而提出。所以報告中稽核發現，應表述稽核過程中運用的標準（制度辦法、關鍵績效指標、管理階層的期望）；檢視業務流程的執行是否符合標準；查明實際與標準之間差異的原因；實際與標準不一致，查核業務流程中存在的風險。

稽核結論依據上述發現而做出，建議依據稽核結論並考量管理階層期望後提出稽核報告。為促進受查單位發揮主動性，內部稽核針對被發現缺失後積極採取糾正行動的受查單位，應在稽核報告中予以肯定。

7.3.1.2 報告的品質

稽核報告中的發現，應準確、客觀的呈現，使用具體的資料與嚴謹的詞語，公正地對所有相關事實和情況作說明。報告內容的表述應清晰、簡潔，用淺顯易懂的意思表示，並簡明扼要切中要點，使得報告閱讀者能快速瞭解實際的風險狀況和改善建議。如此，稽核報告容易引起管理階層的共鳴。報告結論與改善建議應富有建設性，符合實際情況，可適時的實現，有助於促進受查單位完善內部控制措施，來實現公司目標。完整的報告要求內容未遺漏任何重要的資訊，所有支援結論、建議的相關資訊資料與發現，均應全部包含在稽核報告內。

除上述內容外，稽核報告中，如圖 7.5 所示，還必須包含如稽核範圍、受限情形、資訊使用權限、揭露報告品質已遵循標準，或未遵循之原因及影響等。

報告中所包含的資訊可能涉及資料安全的風險，所以在報告中應說明使用權限和責任並要求使用人員做好報告資料的保管。

有證明表明，稽核報告已按《準則》之品質保證和改進程式的要求執行，在稽核報告中才能表明內部稽核活動遵循了《準則》。

如存在因未遵循《職業道德規範》或《準則》而影響稽核業務時，必須在報告中說明並揭露未遵循之原則、未遵循原因以及造成的影響。

▲圖 7.5 稽核報告品質要求

稽核報告品質要求報告內容完整，內部稽核必須公正地對相關事實和情況作出報告。報告及時性要求報告內容沒有拖延發布，能讓受查單位及時獲取攸關的稽核報告資訊，可採取有效措施來改善受查單位的內部控制缺失。

7.3.2 結果的發送

最終的稽核報告，必須先經內部稽核人員與相關管理人員討論確認後，由內部稽核主管核准確定，以保證稽核報告的內容、品質符合標準。最終稽核報告由內部稽核主管提出，發送對象為受查單位相關人員、改善措施實施人員以及相關管理階層。內部稽核主管在向公司外部發佈報告時，必須首先衡量存在的風險；必要時，需徵詢法務單位或高階主管的意見，並且告知對報告使用的權限和責任，以及報告保管要求。如果最終報告存在重大錯誤或遺漏，內部稽核主管必須將更正後的資訊傳達給所有的原報告接收者。

內部稽核主管發表稽核總體意見時，必須考慮到機構的策略、目標和風險，以及高階主管、董事會及其他利害關係人的期望；總體意見的發布，必須有充分、可靠、相關及有用的資訊支持。稽核總體意見是內部稽核主管對公司治理、風險管理和內部控制過程，做出的宏觀、專業的評價報告；在一定期間內，各項稽核和諮詢業務的結果為基礎，經過對所有涉及業務綜合考慮後發布。

總體意見報告應明確述明所涵蓋稽核範圍（包含時間範圍），以及範圍受限制的情況；此外，應說明適用的風險或控制專業架構或標準，包含形成的總體意見、判斷或結論的所有支持資訊。如形成不利的總體意見時，必須清楚說明原因。

實戰練習 7-2：內部控制與內部稽核制度

問題分析：在 2004 年 6 月 15 日臺灣上市公司博達科技股份有限公司（以下簡稱博達公司），因面臨無力償還即將到期之海外可轉換公司債，無預警地向法院申請公司重整，從而爆發該公司資金掏空弊案。請問此博達弊案，對我國資本市場的公司有何重大影響？

討論重點：

(1)博達案被懷疑的做假手法，主要是虛增營業收入、假造應收帳款、揑造現金額度、套取公司現金。此案發生時，主管機關還未要求上市公司必須設立內部稽核單位的規定，因此博達公司當時沒有設立內部稽核單位。

(2)博達公司內部控制制度極為不健全，造成以董事長為首的博達公司高階主管肆意地擴大公司風險而無人稽核。高階主管沆瀣一氣進行舞弊，導致內部控制重大缺陷爆發。

⑶因 2004 年該事件爆發後，主管機關金管會開始嚴格要求上市上櫃公司建立內部控制與內部稽核制度，並全面提高企業內部控制的監督要求。因此，博達案被稱為「臺灣版安隆事件」。

稽核報告及總體意見應以客觀事實為基礎，以稽核準則、規範、專業架構為準繩，以公司整體目標為方向，用專業的結論、意見和建議，促進完善公司治理的目標。對內部稽核人員來說，稽核報告能促進稽核人員的專業提升，可為考核稽核人員的工作績效提供依據，並為後續稽核工作目的和範圍提供參考。對管理階層來說，稽核報告提供的專業建議，可以促進受查單位採取改善方案及行動計畫，有助於提醒管理階層需要關注的事項，也可以幫助管理階層瞭解和評估運營狀況。

課後自我評量

選擇題

1. 內部稽核經常使用觀察這一稽核方法，下列哪一項描述不正確？
   (A)如欲檢視是否存在舞弊，觀察是最好的稽核技術
   (B)相對於證實完整性，觀察更適合於證實某一時點的存在性
   (C)訪談比觀察更能有效完善控制問卷
   (D)內部稽核如欲證實存在性，最充分最適當的技術是觀察

2. 訪談是收集審計證據的一種技術，在採用訪談時應該考慮的問題是？
   (A)訪談的結果應該得到收集的客觀資料的支援
   (B)訪談收集的結果往往比問卷調查更加客觀
   (C)訪談的結果可以直接支援於審計結果
   (D)訪談是一種系統的證據收集方式

3. 內部稽核正對品質控制部門進行稽核，在進行初步調查時，需調閱部分檔案，這些資料不可能包括下列哪個選項？
   (A)永久保存檔案
   (B)本公司的交易數據資料
   (C)即將被審計活動的預算資訊
   (D)品質控制檔案的分析材料

4. 下列關於分析性程式的說法正確的是？
   (A)分析程式被用於評估控制制度的設計、完成情況和有效性
   (B)分析程式是一種定性的檢查方法
   (C)分析程式是預算比較的一種方法
   (D)分析程式是確認和評估稽核業務過程中所收集證據的手段

5. 內部稽核在覆核年度的稽核工作底稿中關於交易的相關內容時發現，只有工作底稿中的相關記錄，卻沒有支援工作底稿的計算資料和交易記錄原件的影本，在這種情況下會發生甚麼問題？

(A)工作底稿的不充分導致不能對稽核工作進行有效覆核

(B)工作底稿記錄完整，不影響對稽核工作的覆核

(C)工作底稿應該包含交易記錄的影本和草稿紙

(D)如果工作底稿中包括了交易記錄的影本會降低覆核人員的工作效率

6. 有關稽核專案結果之溝通，請問下列敘述何者不正確？

(A)溝通內容須包含專案之目的、範圍及結果

(B)最終溝通亦須包含所有合適之建議或行動計畫

(C)如有必要，應提供內部稽核人員之意見

(D)只須考量高階主管、董事會之期望，並以充分、可靠、攸關及有用之資訊為佐證

7. 若原專案報告含有重大錯誤或遺漏，內部稽核主管須如何做？

(A)更正為正確資訊，並且與原報告收受者溝通

(B)把有重大錯誤或遺漏立即作更正

(C)做好錯誤備忘錄

(D)訓練稽核人員減少日後犯錯的機會

8. 有關於稽核專案未遵循之揭露，專案結果之溝通須揭露下列哪些項目？

(A)未能完全遵循之職業道德規範的原則或行為準則或本準則

(B)未遵循之理由

(C)未遵循對該專案及已溝通專案結果之影響

(D)以上三項都必須揭露

9. 發表總體意見時，內部稽核主管應考慮哪些因素？

(A)機構的策略、目標和風險

(B)高階主管、董事會的期望

(C)其他利益關係人的期望
(D)以上三項都要考慮

10.稽核報告品質應如何要求？
(A)準確、客觀、清晰、簡潔、富有建設性、完整和及時
(B)帶有個人偏見
(C)使用技術性語言
(D)過多闡述細節且冗餘

選擇題解答：

1. 答案(A)。通過觀察是很難發現舞弊的存在的，觀察並非最具說服力的技術。
2. 答案(A)。訪談獲得的證據具有一定的主觀性，所以不能直接得出結論，應該在利用訪談結果時，收集一些客觀證據來證明。選項(B)，因為問卷調查中應用了一些統計方法，所以結果比訪談更加客觀；選項(C)，訪談的結果不能直接得出結論，應該有客觀資料證明；選項(D)，訪談的形式是不一致的，所以並不能說是一種系統的方式。
3. 答案(D)。品質控制檔案的分析材料是在稽核活動展開後審閱的，在初步調查時不需審閱。
4. 答案(D)。只有選項(D)正確。選項(A)，控制測試被用於評估控制制度的設計、完成情況和有效性；選項(B)，分析程式是定量的檢查方法；選項(C)，預算比較是分析程式的一種方法。
5. 答案(A)。只有選項(A)正確。選項(B)，缺乏一定的證明材料可能影響有效的覆核工作；選項(C)，草稿紙沒有必要保留，會增加內部稽核工作的負擔；選項(D)，不一定，因為如果交易記錄中標識了哪些是經過重點關注和記錄的，可以提高工作效率。
6. 答案(D)。有關稽核專案結果之溝通，溝通內容須包含專案之目的、範圍及結果。最終溝通亦須包含所有合適之建議或行動計畫。如有必要，應提供內部稽核人員之意見。上述意見須考量高階主管、董事會及其他利害關係人之期望，並以充分、可靠、攸關及有用之資訊為佐證。

7. 答案(A)。若原專案報告含有重大錯誤或遺漏，內部稽核主管須將更正之資訊與原報告收受者溝通。
8. 答案(D)。未遵循職業道德規範或本準則而影響特定專案時，專案結果之溝通須揭露：(1)未能完全遵循之職業道德規範之原則或行為準則或本準則。(2)未遵循之理由。(3)未遵循對於該專案及已溝通專案結果之影響。
9. 答案(D)。稽核主管發表稽核總體意見時，必須考慮到組織的策略、目標和風險，以及高階主管、董事會及其他利益關係人的期望，總體意見的發表必須有充分、可靠、相關及有用的資訊支持。
10. 答案(A)。稽核報告品質：報告必須準確、客觀、清晰、簡潔、富有建設性、完整和及時。

問答題

1. 大和公司從原料購進到生產、銷售、出口等環節，公司偽造了全部單據，包括銷售合約和發票、銀行票據、海關出口報關單和所得稅免稅檔。稽核人員未能有效執行應收帳款函證程式，將所有詢證函交由公司發出，而並未要求公司應收帳款債務人將回函直接寄達稽核單位辦公處。大和公司編制合併報表時，未抵銷與子公司之間的關聯交易金額，從而虛增巨額資產和利潤；但是，稽核人員未能執行有效的分析性測試。請問大和公司稽核單位在辨識資訊方面的問題為何？

2. 在 2004 年 6 月 15 日臺灣上市公司博達科技股份有限公司　(以下簡稱博達公司)，因面臨無力償還即將到期之海外可轉換公司債，無預警地向法院申請公司重整，從而爆發該公司資金掏空弊案。請問此博達弊案，對我國資本市場的公司有何重大影響？

問答題解答：每一題請參考實戰練習 (7-1) 至 (7-2) 的說明。

3. 臺北企業公司為一家公開發行公司，你為該公司稽核部門的稽核專員，你的工作內容包括：根據年度稽核計畫所訂定的每月稽核項目，執行公司內部控制制度的檢查，並做成稽核報告。現在你要執行本年度臺北企業公司內部控制制度的檢查。試作：

(一)何謂內部控制、內部稽核及風險管理？

(二)指出下列每一個內部控制政策或程序所攸關的內部控制要素。

1. 評估新聘之採購人員的適任性。
2. 交易的發生是由人工或電腦自動化記錄。
3. 評估公司的營運結構。
4. 管理當局對於新環境，如新闢生產線的風險給予特殊考量。
5. 會計人員每月底進行銀行往來調節表。
6. 當員工加班時數超過公司規定時，電腦系統會將其列於例外報告，以供進一步的複核。
7. 公司在接獲供應商或顧客之抱怨後，採取即時的追查行動。
8. 當業務人員要簽訂新臺幣 100 萬元以上之合約時，需要業務經理的核准。
9. 電子資料處理部門建立一般控制及應用控制。
10. 公司的稽核部門主管定期向董事會或審計委員會報告稽核業務。

（參考 103 年公務人員高等考試三級考試試題改編）

參考答案：

(一)何謂內部控制、內部稽核及風險管理？

1. 內部控制的定義：

內部控制制度是企業基於創造價值或降低風險之目的而建立的政策、規章制度。由管理階層基於策略或營運需求而設計，經董事會核准後生效。建置內部控制之目的是要合理確保企業達成以下三個目標：

(1)營運之效率與效果

(2)報導之可靠正確

(3)遵循外部的法令法規與內部的控管規定

2. 內部稽核及風險管理的定義：

(1)在風險管理三道防線體系，內部稽核扮演公正客觀的職能，針對實現企業目標之相關事項，提供獨立和客觀的確認和建議。

內部稽核向治理單位負責並報告，且應與管理階層溝通、協調、相互協作；內部稽核具下列特性：

■獨立於管理階層的各項職能之外，對企業的治理單位負責。

■為管理階層和治理單位，就公司治理和風險管理工作，提供公正客觀的確認性和諮詢服務，並提供企業改善缺失建議，以及持續監督改善方案的執行情形至完善為止。

■如果出現有損及內部稽核獨立性和客觀性的情況，應向治理單位報告，並根據董事會的要求採取保護措施。

⑵風險管理係由董事會及管理階層主導，偕同制定策略、辨識可能影響企業之潛在風險，進而管理風險，使其不逾越企業的風險承受程度。

㈡指出下列每一個內部控制政策或程序所攸關的內部控制要素。

答案請參考下表

題　目	涉及的內部控制要素
1. 評估新聘之採購人員的適任性	控制環境
2. 交易的發生是由人工或電腦自動化記錄	資訊及溝通
3. 評估公司的營運結構	控制環境
4. 管理當局對於新環境，如新闢生產線的風險給予特殊考量	風險評估
5. 會計人員每月底進行銀行往來調節表	控制作業
6. 當員工加班時數超過公司規定時，電腦系統會將其列於例外報告，以供進一步的複核	控制作業
7. 公司在接獲供應商或顧客之抱怨後，採取即時的追查行動	監督
8. 當業務人員要簽訂新臺幣 100 萬元以上之合約時，需要業務經理的核准	控制作業
9. 電子資料處理部門建立一般控制及應用控制	控制作業
10. 公司的稽核部門主管定期向董事會或審計委員會報告稽核業務	監督

第8章

專案監控與報告溝通

第8章　專案監控與報告溝通

學習目標：

1. 進度之監控
2. 風險之辨識與溝通

根據《內部稽核執業準則》規定，內部稽核主管須建立並維持監控制度，以追蹤管理階層收受專案報告後之處理及改善情形。

8.1 進度之監控

內部稽核主管需要對稽核中發現的問題，採取追蹤機制，以追蹤管理層收到稽核結果所採取的行動。

8.1.1 維持監控制度

內部稽核主管，追蹤機制包括下列四項：

㈠在改進初期，對問題改善措施和行動計畫進行判斷，並給予專業意見。

㈡在改進過程中，定期和受查部門溝通改善情況，並對其遇到的障礙給與指導。

㈢在改進完成後，進行現場測試，對改進落實的情況進行取證，評估問題改進的效果，並向高階主管和治理層級報告改進情況。

㈣在追蹤過程中，對拒絕改進（即主動接受風險）或改進失敗（即被動接受風險）的事項應及時向高階主管和治理層級通報，並促使其瞭解這一情況。

8.1.2 建立追蹤程序

在審核改進意見和執行持續監督過程中，內部稽核主管考慮發現問題的風險影響程度、改進措施需要付出的資源、改進措施的可行性、改進時間，以及這段時間內所涉及的風險管理。

在改進完成後的持續監督中，內部稽核主管需要考慮以下項目：

⑴改進措施落實後需要評估改進效果；對於執行方式偏離原改進計畫的內容，應重點評估改進效果。

⑵對改進未完成的專案需和管理階層、高階主管及治理層級溝通問題之可能潛在風險，告知風險所對應的影響。

在實際工作很多時候，由於追蹤程序跟進措施不夠，造成風險事項未得到及時有效的改進，從而在已知風險的業務環境下，無法預期損失發生。

實戰練習 8-1：內部稽核追蹤程序

問題分析：霸菱銀行在 1990 年前是英國最大的銀行之一，有超過兩百年的歷史。霸菱銀行新加坡分行的總經理尼克．李森 (Nick Lesson)，從事日本大阪及新加坡交易所之間的日經指數期貨套期對沖和債券買賣活動。1995 年 1 月 17 日，日本神戶大地震，日經指數大幅下跌，李森認為市場反映過度，市場即將反彈，於是進場連續做多。然而，李森從事的「套利」交易並未經過霸菱總部的授權，「套利」交易所承受的風險遠遠超過霸菱銀行的承受能力。在稽核期間，內部稽核人員發現李森身兼雙職，既擔任前台首席交易員，又負責管理後台清算，內部稽核人員在稽核報告意見曾指出，「李森的權力過於集中」。請問霸菱銀行李森舞弊案的問題為何？

討論重點：

⑴內部稽核人員在稽核報告意見曾指出，「李森的權力過於集中」；然而，

霸菱銀行的高階主管對內部稽核報告意見缺乏足夠的重視。

⑵霸菱銀行的內部稽核人員，並未積極跟進監督該事件。最後，此舞弊事件引發後，無法挽回的損失。

內部稽核人員應及時追蹤問題事項的改進措施，促使受查單位儘快完成改進問題缺失，才能讓風險控制在企業可承受的範圍內；反之，如未能有效管理風險，必然會對公司造成嚴重損失。

8.2 風險之辨識與溝通

根據《內部稽核執業準則》規定，內部稽核主管若認為管理階層決定承擔之風險水準超過機構可承受之水準，須就此事項與高階主管討論。若內部稽核主管認為該事項未能獲得解決，須向董事會報告此事項。

8.2.1 辨識承擔之風險

內部稽核主管可透過確認性專案或諮詢性專案或其他方式，監控管理階層針對先前專案結果採取之行動進展，辨識並確認管理階層已可以有效管理風險；但是，內部稽核主管並不負責處理該風險。

基於成本與效益方面的考慮，管理階層可能會決定不對稽核發現的問題進行改善，並接受由此所產生的風險影響。在此情況下，內部稽核主管應該在報告內記錄資訊，如圖 8.1 所示：⑴針對稽核發現問題，評估對機構可能的影響；⑵透過以往承辦的諮詢業務，或先前專案的結果獲知，高階主管可接受的風險程度；⑶對超出風險承受範圍的事項進行說明，並記錄管理階層和高階主管不進行改進的原因。

針對稽核發現問題，評估對機構可能的影響

通過以往的開展諮詢業務或先前專案的結果獲知高階管理層可接受的風險程度

對超出風險承受範圍的事項進行說明，並記錄管理層和高階管理層不進行改進的原因

▲圖 8.1 資訊項目

8.2.2 溝通稽核風險

若經專業判斷後，確實對機構有重大影響，內部稽核主管應向董事會進行報告。在實際工作中，由於管理階層對稽核提出的風險缺乏認識，且認為對於低度或中度風險，與其耗費大量的管理成本去改變，不如直接接受風險。由於在風險影響中的判斷錯誤，導致管理階層接受了超出可承受能力的風險事項，可能直接導致災難性事件爆發。

內部稽核主管若判斷管理階層決定承擔的風險水準，有超過可承受水準之疑慮時，需要將此重要事件告知公司董事會，以確保公司內風險管理核心職能的單位人員，對公司著重要風險與降低風險方案進行瞭解；並且在必要的時候，提出建議以執行糾正措施。

實戰練習 8-2：稽核風險溝通

問題分析：韓國大宇集團曾是世界級的跨國大企業，總裁金宇中白手起家，於 1967 年僅靠借款的 1 萬美元創業，歷經三十年篳路藍縷的艱辛經營，終於成為韓國第二大財團。被成功沖昏頭腦的金宇中，忘記「取天下易、守天下難」的道理：卻持續通過瘋狂擴張，以創造集團「鼎盛」的景象。他漠視風險管理專家或內部稽核的警告，拒絕採用穩健且風險可控制的運作模式。這種賭博式的冒險加上亞洲金融風暴的影響，使大宇集團陷入資金周轉的危機。由此可見，對風險的錯誤判斷將會對公司造成毀滅式打擊。請問大宇內部稽核主管是否有作好稽核風險溝通之工作？

討論重點：

(1)內部稽核人員應該將未被管理的重大風險事項，及時告知董事會與高階主管。韓國大宇集團內部稽核人員，沒有將未被管理的重大風險事項，及時告知董事會與高階主管。

(2)內部稽核人員沒有提出適當建議，關於企業對風險管理方案，無論是降低風險爆發的機率或減少風險影響範圍。

課後自我評量

選擇題

1. 有關稽核專案之監控，稽核主管須注意的事項，請問下列哪一項敘述不正確？
(A)內部稽核主管須建立並維持監控制度，以追蹤管理階層收受專案報告後之處理情形
(B)內部稽核主管須建立一套追蹤程式，以監控及確保管理階層業已採取有效之行動或管理階層已接受不採取行動之風險
(C)內部稽核單位須在委任客戶同意之範圍內，監控諮詢專案報告之處理情形
(D)內部稽核主管須自行決定監控諮詢專案報告之處理情形

2. 內部稽核主管需要對稽核中發現的問題，採取追蹤機制，以追蹤管理層收到稽核報告。在改進初期，請問內部稽核主管的合適作法為下列哪一項？
(A)對問題改善措施和行動計畫進行判斷，並給予修訂意見
(B)對問題改善措施和行動計畫，直接給予修訂意見
(C)對問題改善措施和行動計畫，不一定要給予意見
(D)對問題改善措施和行動計畫，不必要給予意見

3. 在審核改進意見和持續監督過程中，內部稽核主管考慮下列因素，請問不包括下列哪一項？
(A)發現問題的風險影響程度
(B)改進措施需要付出的資源
(C)改進措施的可行性
(D)改進時間及這段時間內所涉及的營運管理

4. 由誰建立並維持稽核專案報告的監控制度，以追蹤管理階層收受專案報告後之處理情形？
(A)內部稽核人員

(B)內部稽核主管
(C)內部稽核經理
(D)董事會

5. 關於內部稽核主管對稽核中發現的問題，追蹤機制期間規定，以下說法正確的是？
(A)在改進初期、改進過程中、改進完成後，均需採取追蹤機制
(B)僅需在改進初期採取追蹤機制
(C)僅需在改進過程中採取追蹤機制
(D)僅需在改進完成後採取追蹤機制

6. 有時管理階層不接受稽核風險報告，其可能的原因是下列哪一項？
(A)風險不一定會發生
(B)風險日後自行會消失
(C)基於成本與效益考慮
(D)管理階層善於接受高風險高報酬的觀念

7. 內部稽核主管若認定管理階層決定承擔之風險水準超過機構可承受之水準，下列敘述何者錯誤？
(A)內部稽核單位須對與機構倫理有關之目的、計畫及活動，評估其設計、執行及成效
(B)內部稽核單位須評估各項控制之效果及效率，並促進控制之持續改善，以協助機構維持有效之控制
(C)內部稽核單位須評估舞弊發生之可能性，以及機構如何管理舞弊風險
(D)協助建立或改善風險管理過程時，內部稽核人員應實際管理風險，並承擔管理階層之責任

8. 在判斷出管理階層對於風險影響做出正確認識，並推動其改變的前提下，內部稽核主管的合適作法包括下列哪些方式？
(A)需要將此重要事件告知公司董事會

(B)確保公司所有人能對公司內未被有效管理的風險進行瞭解
(C)並在必要的時候，執行糾正措施
(D)以上皆是

9. 當管理階層決定不對稽核發現的問題進行改善，並接受由此所產生的風險影響，內部稽核主管在此情況下，不應該在報告內記錄哪些資訊？
(A)針對稽核發現問題，評估對機構可能的影響
(B)通過以往的開展諮詢業務或先前專案的結果獲知高階管理層可接受的風險程度
(C)對超出風險承受範圍的事項進行說明，並記錄管理層和高階管理層不進行改進的原因
(D)記錄管理階層樂觀的看法

10. 內部稽核主管在辨識與溝通稽核風險時，以下說法錯誤的是？
(A)內部稽核主管可透過確認性專案監控管理階層針對先前專案結果採取之行動進展情形，辨識管理階層所承擔之風險
(B)內部稽核主管可透過諮詢專案監控管理階層針對先前專案結果採取之行動進展情形，辨識管理階層所承擔之風險
(C)內部稽核主管負責處理應由管理階層承擔之風險
(D)內部稽核主管若認定管理階層決定承擔之風險水準超過機構可承受之水準，須就此事項與高階主管討論

選擇題解答：

1. 答案(D)。內部稽核主管須建立並維持監控制度，以追蹤管理階層收受專案報告後之處理情形。內部稽核主管須建立一套追蹤程式，以監控及確保管理階層業已採取有效之行動或已接受不採取行動之風險。此外，內部稽核單位須在委任客戶同意之範圍內，監控諮詢項目報告之處理情形。
2. 答案(A)。內部稽核主管需要對稽核中發現的問題，採取追蹤機制，以追蹤管理層收到稽核報告。在改進初期，對問題改善措施和行動計畫進行判斷，並給予修訂意見。

3. 答案(D)。在審核改進意見和執行持續監督過程中，內部稽核主管考慮以下因素：發現問題的風險影響程度；改進措施需要付出的資源；改進措施的可行性；改進時間及這段時間內所涉及的風險管理。
4. 答案(B)。根據《國際內部稽核執業準則》規定，內部稽核主管須建立並維持監控制度，以追蹤管理階層收受專案報告後之處理情形。
5. 答案(A)。內部稽核主管需要對稽核中發現的問題採取追蹤機制，以追蹤管理層收到稽核結果所採取的行動，追蹤機制包括：在改進初期，對問題改善措施和行動計畫進行判斷，並給予修訂意見；在改進過程中，定期和涉事部門進行溝通改進情況，並對其遇到的障礙給予指導；在改進完成後，進行現場測試，對改進落實的情況進行取證，評估問題改進的效果，並向高階主管和治理層級報告改進情況。
6. 答案(C)。在實際工作中，由於管理階層對稽核提出的稽核風險缺乏認識，且認為對於少量風險與其付出大量的管理成本去改變風險，不如接受風險。
7. 答案(D)。內部稽核主管若認定高階主管決定承擔之風險水準超過機構可承受之水準，須就此事項與高階主管討論。若內部稽核主管認為該事項未能獲得解決，須向董事會報告此事項。
8. 答案(D)。 在判斷出管理階層對於風險影響做出正確認識 ， 並推動其改變的前提下，內部稽核人員需要將此重要事件告知公司董事會，確保公司所有人能對公司內未被有效管理的風險進行瞭解；並在必要的時候，執行糾正措施。
9. 答案(D)。不應記錄管理階層樂觀的看法。基於成本效益方面的考慮，管理階層可能會決定不對稽核發現的問題進行改善，並接受由此所產生的風險影響。內部稽核主管在此情況下，應該在報告內記錄資訊，包括：針對稽核發現問題，評估對機構可能的影響；通過以往的開展諮詢業務或先前專案的結果獲知高階管理層可接受的風險程度；對超出風險承受範圍的事項進行說明，並記錄管理層和高階管理層不進行改進的原因。
10. 答案(C)。內部稽核主管可透過確認性專案或諮詢專案或其他方式監控管理階層針對先前專案結果採取之行動進展，辨識管理階層所承擔之風險；但內部稽核主管並不負責處理該風險。

問答題

1. 霸菱銀行在 1990 年前是英國最大的銀行之一，有超過兩百年的歷史。霸菱銀行新加坡分行的總經理尼克．李森 (Nick Lesson), 從事日本大阪及新加坡交易所之間的日經指數期貨套期對沖和債券買賣活動。1995 年 1 月 17 日，日本神戶大地震，日經指數大幅下跌，李森認為市場反映過度，市場即將反彈，於是進場連續做多。然而，李森從事的「套利」交易並未經過霸菱總部的授權，「套利」交易所承受的風險遠遠超過霸菱銀行的承受能力。在稽核期間，內部稽核人員發現李森身兼雙職，既擔任前台首席交易員，又負責管理後台清算，內部稽核人員在稽核報告意見曾指出，「李森的權力過於集中」。請問霸菱銀行李森舞弊案的問題為何？

2. 韓國大宇集團曾是世界級的跨國大企業，總裁金宇中於 1967 年靠借款 1 萬美元創業，歷經 30 年艱辛的經營，成為韓國第二大產業集團。被成功沖昏頭腦的金宇中通過瘋狂擴張創造「鼎盛」，他不顧專家的警告，不願降低高風險的操作，仍然靠「借貸式經營」，大肆舉債兼併其他企業，卻疏於做資本結構調整。這種賭博式的冒險加上亞洲金融風暴的影響，使之陷入資金周轉的危機。由此可見，對風險的錯誤判斷將會對公司造成毀滅式打擊。請問大宇內部稽核主管是否有作好稽核風險溝通之工作？

問答題解答：每一題請參考實戰練習 (8–1) 至 (8–2) 的說明。

3. 桃園公司為一家實收資本額 4 千萬元、股票未上市之企業。管理階層審核下年度預算時，發現二項費用皆與稽核有關，其一是 90 萬元之內部稽核部門預算（薪資、辦公費等），其二是 70 萬元之會計師簽證公費。管理階層為節省開支，研擬刪除上述二筆性質相近費用其中一項。

內部稽核部門聞訊後，即主張不應續聘會計師，因該公司股票既未上市，又無公開發行，最近也無銀行貸款計畫，實無續聘獨立會計師之必要。

而獨立會計師卻主張應裁撤內部稽核部門，理由是會計師簽證公費較內部稽核部門的薪資、辦公費用為低，考量公司節省開支的立場，支付較低代價以獲致相同或相類似之勞務，較符合成本效益原則。

假設你受管理階層委託處理上述二方說法，回答下列各題：

(一)內部稽核與獨立會計師之功能有何差異及其攸關性？

(二)請評論內部稽核部門之主張。

(三)請評論獨立會計師之主張。

(四)現假設獨立會計師自始不贊成裁撤內部稽核部門之主張，該會計師並宣稱若裁撤內部稽核部門，則簽證公費將因此提高，請針對獨立會計師聲明提出你的看法。

（參考 102 年公務人員高等考試三級考試試題改編）

參考答案：

(一)內部稽核與獨立會計師之功能有何差異及其攸關性？

1. 兩者的差異點／相似點之比較表：

比較表		會計師（外部審計）	內部稽核
	獨立性	會計師應保持超然獨立的精神與態度（外觀及實質都須超然獨立）	獨立性不如會計師，但在組織內部仍具相對的獨立性
	專業協會	會計師公會等機構	內部稽核協會
	報告的閱讀者	所有可能閱讀財務報表的利害關係人	內部的董事會、管理階層、公司員工
	處理程序	通常從最後結果之驗證著手，經由內部控制之測試及交易的查核，以獲得足夠適切的證據，可證實財務報告之允當表達	由政策、作業程序、制度規章著手，並且對資訊系統及原始交易直接進行查核、驗證與評估

<table>
<tr><td rowspan="3">相似點</td><td>1</td><td>執行查核的方法論、統計抽樣及作業程序都類似，例如：
■外勤前：調閱系統或書面資料，規劃查核方向及工作安排
■外勤期間：起始會議 (kick off meeting)、統計抽樣，與受查單位溝通、出具查核建議等
■外勤結束後：完成查核報告，請受查單位同意後簽核，舉行總結會議 (Exit meeting) 等</td></tr>
<tr><td>2</td><td>執行查核及撰寫查核報告時，均必須保持客觀的心態</td></tr>
<tr><td>3</td><td>依據風險評估及定性定量分析，決定查核重點及稽核人力資源配置</td></tr>
</table>

2. 攸關性

■外部會計師可考慮內部稽核之稽核報告與專案報告，評估其審計風險。

若外部會計師認為內部稽核之查核作業有效運作，通常可降低其證實查核測試。因此，客觀及公正的內部稽核之有效運作及良好的內部控制，可有效降低外部會計師收取的公費。

■內部稽核可參考經外部會計師簽證的審計報告。

可參考報告意見類型並關注其中的問題點，並以此為線索重新調整審核內部稽核工作。

報告意見類型	關注事項	舉　例
標準無保留意見	附注專案下的特殊說明事項	貨幣資金專案下注釋的受限使用資金
修正式無保留意見	附注項目下的特殊說明事項，以及強調段之強調事項	對持續經營能力產生重大疑慮及重大不確定事項
保留意見	附注項目下特殊說明事項，以及形成保留意見事項描述段	——
否定意見	形成否定意見事項描述段	——
無法表示意見	形成無法表示意見事項描述段	——

■外部稽核如出具管理建議書或內部控制稽核報告，審計委員會應與內部稽核部門確認相關缺失，並由內部稽核單位與相關功能部門溝通並要求改善。

(二)請評論內部稽核部門之主張。

內部稽核部門的主張不恰當，不請會計師簽證，將置企業有違背法令之風險，說明如下：

1. 法令規定：

依據公司法的規定，資本額在 3000 萬元以上的公司，財務報表即需會計師簽證。

2. 獨立性與利害關係人：

內部稽核單位為組織內部單位，其獨立性不如外部會計師。相較之下，利害關係人更信任獨立性更高的外部會計師。

㈢請評論獨立會計師之主張。

獨立會計師單以成本與效益來衡量兩者的價值，並不恰當，說明如下：

1. 會計師不能取代內部稽核的工作

內部稽核為風險管理三道防線之不可或缺，比獨立會計師更熟悉企業內部的流程作業。

內部稽核能夠與第一道防線和第二道防線，共同強化公司治理，其工作不可被取代。

2. 內部稽核負責評估內部控制的整體有效性，查核範圍比獨立會計師更廣泛。

㈣現假設獨立會計師自始不贊成裁撤內部稽核部門之主張，該會計師並宣稱若裁撤內部稽核部門，則簽證公費將因此提高，請針對獨立會計師聲明提出你的看法。

同意獨立會計師的意見，理由說明如下：

1. 審計風險 = 固有風險 × 控制風險 × 偵查風險

若裁撤內部稽核部門，將使控制風險提高。獨立會計師如果仍要繼續維持原有的風險水準，就必須降低偵查風險。這意味著必須要增加證實測試，而這將增加查核成本，因此會讓簽證公費隨之提高。

2. 內部稽核單位是董事會的千里眼、順風耳；若是裁撤，將讓風險管理體系失控的風險提高，對於獨立審計師出具報告的風險也隨之增加。

note

note

note

note

經濟學（修訂三版）

王銘正／著

1. 本書舉大量實際的例子，來印證書中所介紹的理論，也用相當的篇幅解釋我國總體經濟現象及國際金融知識，希望透過眾多的實務印證與鮮活例子，讓讀者能充分領略本書所介紹的內容。
2. 每一章的開頭列出該章的學習重點，一方面有助於讀者一開始便對每一章的內容能有基本概念，另一方面也讓讀者在複習時能自我檢視學習成果。

經濟學（修訂三版）

賴錦璋／著

1. 本書利用大量生活實例，帶出經濟學觀念，將經濟融入生活，讓讀者從生活體悟經濟。
2. 運用輕鬆幽默的筆調、平易近人的語言講解經濟學，讓經濟不再是經常忘記。
3. 內容涵蓋個體及總體經濟學的重要議題，讓讀者完整掌握經濟學的理論架構。
4. 介紹臺灣各階段經濟發展的狀況，更透過歷年實際的統計數據輔助說明，提升讀者運用數據資料分析經濟情勢與判斷趨勢的能力。

國家圖書館出版品預行編目資料

內部稽核概論／王怡心,黎振宜著.－－初版一刷.－
－臺北市：三民，2022
面；　公分

ISBN 978-957-14-7351-2（平裝）
1. 內部稽核

494.28　　　　　　110020115

內部稽核概論

作　　者｜王怡心　黎振宜
責任編輯｜許婕筑
美術編輯｜黃顯喬

發 行 人｜劉振強
出 版 者｜三民書局股份有限公司
地　　址｜臺北市復興北路 386 號 (復北門市)
　　　　　臺北市重慶南路一段 61 號 (重南門市)
電　　話｜(02)25006600
網　　址｜三民網路書店 https://www.sanmin.com.tw

出版日期｜初版一刷 2022 年 1 月
書籍編號｜S562270
I S B N｜978-957-14-7351-2